农产品生产及质量安全管控工作指南（蔬菜篇）

北京市农产品质量安全中心 编

中国农业科学技术出版社

图书在版编目（CIP）数据

农产品生产及质量安全管控工作指南．蔬菜篇 / 北京市农产品质量安全中心编．-- 北京：中国农业科学技术出版社，2025．1．-- ISBN 978-7-5116-7288-9

Ⅰ．S6-62

中国国家版本馆CIP数据核字第2025HZ6241号

责任编辑	任玉晶
责任校对	马广洋
责任印制	姜义伟　王思文

出 版 者	中国农业科学技术出版社
	北京市中关村南大街12号　　邮编：100081
电　　话	（010）82106641（编辑室）（010）82106624（发行部）
	（010）82109709（读者服务部）
网　　址	https://castp.caas.cn
经 销 者	各地新华书店
印 刷 者	北京捷迅佳彩印刷有限公司
开　　本	170 mm×240 mm　1/16
印　　张	12.00
字　　数	222千字
版　　次	2025年1月第1版　2025年1月第1次印刷
定　　价	58.00元

◄━━ 版权所有·侵权必究 ━━►

编委会

主　　编：于寒冰　　王全红　　黄　健

副 主 编：肖志勇　　肖　帅　　刘希艳
　　　　　邢天琪　　闫建茹　　刘秀萍

编写人员：王　颖　　温雅君　　孙志伟
　　　　　贾　晨　　刘二祥　　卢春香
　　　　　邢凯萌　　马　啸　　郭　阳
　　　　　孟艳丽　　温　暖　　王云峰
　　　　　张卫东　　孙文才　　杨　美
　　　　　吕　建　　刘　洋

前言
PREFACE

　　民以食为天，食以安为先。农产品的质量安全和稳定供应直接关系到民众的生活质量和身体健康。蔬菜作为人们日常饮食中不可或缺的部分，其质量安全更是重中之重。研究表明，蔬菜在人们膳食结构中的占比不断增加，为人体提供了丰富的维生素、矿物质等营养成分。然而，随着农业生产环境和市场需求的变化，蔬菜质量安全面临着诸多挑战，农药残留、肥料不合理使用等问题时有发生，导致消费者对蔬菜质量安全的信任度受到了一定影响。为了规范蔬菜生产，保障公众的健康权益，重建消费者的信任，编写这本《农产品生产及质量安全管控工作指南（蔬菜篇）》显得尤为必要，旨在为蔬菜生产者和农产品质量安全监管人员在蔬菜生产及质量安全自控、蔬菜质量安全监督管理方面提供思路借鉴和指导。

　　蔬菜产业是现代农业的重要组成部分，为了促进蔬菜产业的可持续发展，国家和地方层面出台了一系列规划和政策。国家层面，《"十四五"全国种植业发展规划》对蔬菜的绿色优质发展、均衡供应提出了具体要求。北京市层面，针对蔬菜产业发展印发了《北京市蔬菜产业高质量发展三年行动计划（2023—2025年）》，指出围绕首都城市的战略定位：一是坚持大城市带动大京郊、大京郊服务大城市，统筹京内京外生产布局，立足优化结构、提质增效，以改造提升现代设施农业为重点，大力发展绿色有机蔬菜，满足市民精品化、多样化、高端化消费需求，在推动蔬菜产业高质量发展中提升本市生产自给率；二是立足协同发展、强化供给，在环京周边地区共建一批规模化供京蔬菜生产基地，再关联一批外埠优势生产基地，在推动京津冀协同发展中构建京内保供圈、环京合作圈和外埠联动圈蔬菜生产供给体系，增强首都市场蔬菜保供能力，为全面推进首都乡村振兴、率先实现农业农村现代化提供有力支撑。在蔬菜生产及质量安全控制和监管方面，2022年新修订的《中华人民共和国农产品质量安全法》是最重要的法律依据，从农产品质量安全风险管理和标准制定、农产品产地、农产品生产、农产品销售、监督管理等层面给出了法律要求。然而，在农产品生产及质量安全监管实际操作过程中，蔬菜生产经营者、蔬菜质量安全监管者需要更加具体、详细的操作指南。

　　本书是对现有政策法规的细化和补充,以现有政策法规为基础,结合北方区域(尤其是北京及华北地区)蔬菜生产及质量安全管控工作实践,系统提出可操作的生产及质量安全控制方法,指导蔬菜行业从业者提高自身的质量安全管理水平,同时为蔬菜质量安全监管人员提供蔬菜生产及质量安全相关的基础知识,助力蔬菜质量安全监管工作的顺利开展,如此便可以形成一个良性的蔬菜质量安全监管与被监管的互动关系,共同推动蔬菜质量安全高质量发展。

　　《农产品生产及质量安全管控工作指南》为系列书籍,本书为第一辑蔬菜篇,共分为六章。第一章为概述,主要概述了农产品质量安全内涵与外延、我国蔬菜生产及质量安全发展现状和国内外蔬菜生产及质量安全管控体系等内容。第二章为蔬菜生产及质量安全影响因素,从化学性污染来源及危害、生物性污染来源及危害和物理性污染来源及危害三个层面介绍了影响蔬菜生产及质量安全的因素及危害。第三章为蔬菜产品生产及质量安全控制措施,从产前产地环境等5个关键环节、产中田间管理等3个环节、产后产品采收等6个关键环节提出了蔬菜生产及质量安全控制措施。第四章为蔬菜质量安全检测,介绍了蔬菜质量安全定量和定性检测的基本内容。第五章为蔬菜贴标上市,重点介绍了承诺达标合格证发展历程、开具相关事宜。第六章为北京市相关工作实践,介绍了北京市推行"农产品生产及质量安全全程管控标准化基地建设""农产品质量安全定性检测技术""承诺达标合格证制度"3方面的做法经验。《农产品生产及质量安全管控工作指南》除蔬菜篇外,还包括畜禽篇和水产篇,我们也将稳步推出其他两辑,敬请期待!

　　由于时间仓促,编者的水平有限,书中的错误和缺点在所难免,希望广大读者给予批评指正,最后衷心感谢每一位读者花费时间阅读本书内容,您们的支持是我们不断前行的动力!

编　者
2024年11月3日

目 录
CONTENTS

第一章　概述 \\ 001
一、农产品质量安全内涵与外延……………………………… 001
二、我国蔬菜生产及质量安全发展现状……………………… 011
三、国内外蔬菜生产及质量安全管控体系…………………… 014

第二章　蔬菜生产及质量安全影响因素 \\ 025
一、化学性污染来源及危害…………………………………… 025
二、生物性污染来源及危害…………………………………… 043
三、物理性污染来源及危害…………………………………… 053

第三章　蔬菜产品生产及质量安全控制措施 \\ 057
一、产前关键环节及控制措施………………………………… 057
二、产中关键环节及控制措施………………………………… 070
三、产后关键环节及控制措施………………………………… 077
四、通用环节质量安全控制措施……………………………… 092

第四章　蔬菜质量安全检测 \\ 094
一、定量检测…………………………………………………… 095
二、定性检测…………………………………………………… 112

第五章　蔬菜贴标上市 \\ 119
一、承诺达标合格证概念……………………………………… 119
二、推行承诺达标合格证制度的意义………………………… 120

三、承诺达标合格证发展历程…………………………………… 121

四、承诺达标合格证开具要求…………………………………… 123

第六章　北京市相关工作实践 \\ 131

一、北京市推行"农产品生产及质量安全全程管控标准化基地建设"
　　的实践………………………………………………………… 131

二、北京市推行"农产品质量安全定性检测技术"的实践……… 138

三、北京市推行"承诺达标合格证制度"的实践………………… 143

参考文献 \\ 152

附录1 《中华人民共和国农产品质量安全法》（2022年修订版）\\ 154

附录2 《农药管理条例》（2022年修订版）\\ 170

第一章 概述

一 农产品质量安全内涵与外延

（一）农产品概念

农产品是指来源于种植业、林业、畜牧业和渔业的初级产品，即在农业活动中获得的植物、动物、微生物及其产品，属于一类大宗产品的统称。随着世界农业的发展以及农产品产业链的不断延长，农产品所涵盖的范围也在不断延伸和变化。目前，关于农产品的定义及概念较多，许多国家和地区说法不一、范围也不一样。世界贸易组织（WTO）《农业协定》将来源于农业的未加工和已加工产品均归为农产品，并以举例方式划定农产品范围，含《商品名称及编码协调制度》第1~24章所列的所有产品，但不包括鱼及其制品。该协定中划定的农产品范围十分广泛，既包括初级农产品及其副产品，如牛肉、小麦、黄油等，又包括加工后的农产品，如巧克力、烟草制品、葡萄酒等。此外，许多国家在相关法律法规中也对农产品进行了具体定义。美国农业部对农产品的描述为"耕作或放牧活动所形成的产品，如乳品业、养蜂、水产业、家禽和禽蛋生产，以及任何同类活动或类似活动所形成的副产品"。其中，对新鲜农产品范围进行了详细界定，如"鲜蔬菜和水果是指未经过加工的，且是近期收获仅进行冲洗或修整过的产品；鲜鸡肉是指在-3.3℃以上保存的整鸡和分割鸡；鲜鱼是指存放在冰上的鱼"等等。《加拿大农产品法》所指农产品则包括"动物、植物或动植物产品；整个或部分来自动植物的产品，包括食品和饮料；本法案规定的产品"。日本《农林产品标准化和正确标识法》定义的农林产品包括"食物、饮料、油料和脂类；农、林、畜、渔产品，以及由政令规定的以这些产品作为原料或成分生产或加工的产品"。《中国大百科全书-农业》则将农产品分为广义和狭义两类。其中，广义的农产品包括农作物、畜产品、水产品和林产品，狭义的农产品则仅指农作物和畜产品。

从上述关于农产品的定义可以看出，目前各国对于如何界定农产品还没有完全统一的说法，农产品所表达的具体内涵通常根据其适用的特定情形而定。农产品不同定义方式的主要区别在于产品的最终形态和用途。从产品最终形态的角度考虑，广义的农产品涵盖农业生产活动产出的初级产品及其精深加工品，狭义的农产品则侧重于种养殖等初级农业活动中形成的产品。从产品用途的角度考虑，广义的农产品包括可食用和不可食用农产品，狭义的农产品仅指可供食用的农产品。其中，由于不同领域对农产品的定义、理解和范畴有所区别，农产品、食用农产品以及食品有时也会出现混淆情况。一般来说，按照用途或功能划分，农产品可分为食用类农产品和非食用类农产品；按照统筹管理角度，食用农产品属于食品范畴。

对于我国农产品质量安全领域而言，农产品定义及相关概念均以最新法律法规条款为准。我国农产品的质量安全管理工作主要涉及农业农村和市场监督管理两个部门，主要依据《中华人民共和国农产品质量安全法》《中华人民共和国食品安全法》《食用农产品市场销售质量安全监督管理办法》等法律法规规定。

1. 农产品

《中华人民共和国农产品质量安全法》（2022年修订版）所称农产品，是指来源于种植业、林业、畜牧业和渔业等的初级产品，即在农业活动中获得的植物、动物、微生物及其产品。

《中华人民共和国农产品质量安全法释义》中明确"植物、动物、微生物及其产品"，是指包括在农业活动中直接获得的未经加工的，以及经过分拣、去皮、剥壳、粉碎、清洗、切割、冷冻、打蜡、分级、包装等初加工，但未改变其基本自然性状和化学性质的初加工产品，区别于经过加工已基本不能辨认其原有形态的"食品"或"产品"。

2. 食用农产品

《食用农产品市场销售质量安全监督管理办法》（2023年修订版）所称食用农产品，是指来源于种植业、林业、畜牧业和渔业等供人食用的初级产品，即在农业活动中获得的供人食用的植物、动物、微生物及其产品，不包括法律法规禁止食用的野生动物产品及其制品。鱼干、菜干、果干等"干货"若仅经过简单晾晒，未经过其他加工工艺，可以作为食用农产品上市销售。

本书所指农产品及相关内容为《中华人民共和国农产品质量安全法》所称农

产品，但部分内容更侧重于食用农产品。

（二）农产品主要类型

按传统和习惯，我国一般把农产品分为粮油、果蔬及花卉、林产品、畜禽产品、水产品和其他农副产品等6大类。

1. 粮油

粮油是对谷类、豆类、油料及其初加工品的统称。粮油产品是关系国计民生的农产品，不仅是人体营养和能量的主要来源，也是轻工业的主要原料，还是畜牧业和饲养业的主要饲料。我国粮食产地分布广，长江流域和长江以南是稻米主产区，黄河两岸是小麦主产区，东北、内蒙古和华北地区盛产玉米、大豆及杂粮。目前，我国利用植物种子作油料原料的有大豆、芝麻、花生仁、棉籽、菜籽、葵花籽、玉米胚、茶籽等。

2. 果蔬及花卉

（1）蔬菜和果品

我国地域辽阔，地跨寒、温、热三带，自然条件优越，气候、土壤和地形等自然条件适合果蔬的生长发育，果树和蔬菜资源极其丰富，拥有并培育了许多优良品种，如胶州大白菜、章丘大葱、四川榨菜、湖南冬笋、山东苹果、江西南丰蜜橘等。一般来说，蔬菜和果品统称为果蔬，有各自的分类角度和方式，有时也存在交叉重叠。对蔬菜而言，按食用器官可分为根菜类、茎菜类、叶菜类、果菜类、花菜类、食用菌类等6大类；按农业生物学可分为茎菜、白菜类、芥菜类、甘蓝类、绿叶菜类、葱蒜类、茄果类、瓜类、豆类、水生菜类、多年生菜类和食用菌类等12类。对果品而言，按果实构造可分为仁果类、核果类、浆果类、坚果类、柑橘类、复果类以及瓜类等7类；按商业经营习惯，可分为鲜果、干果、瓜类及其制品等4大类。鲜果是果品中最多和最重要的一类。为了经营方便，又把鲜果分为伏果和秋果，还分为南果和北果。

（2）花卉

花和卉是两个含义不同的字，花是高等植物繁殖后代的器官，卉是百草的总称。"花"一词从字面上讲，就是开花的植物。广义上的花卉是指凡是花、叶、果的形态和色彩、芳香能引起人们美感的植物都包括在花卉之内，统称为观赏植物。花卉分类方式较多，根据花卉的形态特征和生长习性，可分为草本花卉、木本花卉、多肉类植物、水生类花卉和草坪类植物等5大类；根据花卉的经济用途，可分为观赏用、盆栽、切花、庭院、香料用、医药用、环境保护用、食品用等8类花卉。

3. 林产品

在我国，林产品主要是指木材及其副产品，包括木材及各种木材加工制品、经济林及森林副产品等两大类。其中，经济林产品主要有木本油料（如核桃、茶油、橄榄油、文冠果油等木本食用油及桐油、乌桕油等工业用油）、木本粮食（如板栗、柿子、枣、银杏及多种树种的种子）、特用经济林产品（如紫胶、橡胶、生漆、咖啡等），林化、林副产品种类更是繁多（如松香、栲胶、栓皮及各种药材、芳香油、纤维原料、编织原料、淀粉、食用菌等）。

4. 畜禽产品

畜禽产品，从广义上是指肉、乳、蛋、禽、脂、肠、皮张、绒毛、鬃尾、羽毛、骨、角、蹄壳及其初加工品等；从狭义上讲，即从我国商品经营分类的角度来看，包括肉、乳、蛋、脂、禽类食品和副食品。畜禽产品作为食品是人类动物蛋白的主要来源，为人类提供丰富的营养。

5. 水产品

水产品是指水生的具有一定食用价值的动植物及其腌制、干制的各种初加工品，分类较复杂。按商业用途分类，可分为活水产品（包括海水鱼、淡水鱼、元鱼、河蟹、贝类等）、鲜水产品（含冷冻品和冰鲜品，包括海水鱼、淡水鱼、虾、蟹等）、水产加工品（按加工方法分为水产腌制品和水产干制品，包括淡干品、盐干品、熟干品；按加工原料分为咸干鱼、虾蟹加工品、海藻加工品、其他水产加工品）。

6. 其他农副产品

其他农副产品主要是指除粮油、果蔬花卉、林产品、畜禽产品、水产品以外的烟叶、茶叶、蜂蜜、棉花、麻、蚕茧、畜产品、生漆、干菜、调味品、中药材和野生植物原料等。

由上文可见，部分蔬菜和果品之间有交叉重叠，比如西瓜、香瓜等瓜类就既属于蔬菜类又属于果品类，又如黄花菜、食用菊花等既可划为蔬菜类又可以划为花卉类。本书所述蔬菜为广义蔬菜，既包括白菜、番茄等各类传统蔬菜，也包括西瓜、甜瓜、草莓等果品，还包括食用或菜用花卉产品。

（三）农产品质量安全概念

1. 农产品质量

所谓质量主要是指反映产品、过程及服务满足规定要求或需要的特性和特征的总和。产品质量就是产品能够满足人类需要所具备使用功能的自然属性。根据我国国家标准《食品工业基本术语》（GB/T 15091—1994）定义，食品质量是指食品满足规定或潜在要求的特征和特性的总和，可以反映食品品质的优劣。农产品可直接食用或作为食品原料，农产品质量与食品质量具有类似性。因此，农产品质量可以定义为农产品满足规定或潜在要求的特征和特性的总和。从上述定义可以看出，农产品质量不仅应满足通过法规、标准或合同等方式提出的明确要求，还应满足不需事先声明、人们普遍认同的其他隐含要求。具体来说，农产品质量特性应包括以下 6 个方面。

①功能性。包括农产品的色、香、味、形等外观功能以及为人类提供维持生命活动所必需的能量、营养、保健等使用功能。

②可靠性。农产品在规定的使用期限（保质期）内具备保持和实现农产品功能的能力，也就是说农产品的质量应该具有稳定性，具备一定适应外界环境保持自身品质的能力。

③安全性。农产品在生产、储存、运输和消费过程中，能保证将对人体和环境的伤害或损害控制在一个可接受的水平。

④经济性。农产品对生产者和消费者来说具有合理的经济成本，经济性通常是影响农产品市场竞争力的关键因素之一。

⑤时间性。农产品的供应应具有连续性，在时间、数量上能够满足消费者的需求。

⑥层次性。农产品可满足市场多样性消费需求的能力，如农产品品质分级、地理标志农产品等都是随着居民消费水平提高，用以满足农产品层次性消费需求的具体体现。

2. 农产品安全

所谓安全是指没有危险、不受威胁、危害、损失，安全往往相对于危险而言，只有把危险消除或者降低在可接受水平，才称之为安全。1992 年，国际营养大会将食品安全定义为"在任何时候人人都可以获得安全营养的食品来维持健康能动的生活"。这一概念包含三个层次的内涵：一是从数量上，要求食品的供需平衡，能够为人们提供足够的食品，满足食品数量安全要求；二是从质量上，要求食品的营养结构合理、优质卫生健康，在为人体提供充足能量和营养的同时不会危害身体健康，满足食品质量安全要求；三是从发展的角度，要求食品的获取要注重生态环境的良好保护和资源利用的可持续性。农产品属于食品之一，可见农产品安全也应是包括数量安全、质量安全及可持续安全的综合性概念。

农产品数量安全以发展生产、保障供给为特征，强调获取足够的食物是人类的基本生存权利。农产品质量安全以确保农产品食用卫生、营养结构合理为特征，强调农产品质量安全是人类维持健康生活的权利。农产品可持续安全以合理利用资源、保证安全优质农产品持续供给能力为特征，旨在不损害自然生产能力、生物系统完整性和环境质量，使人类随时都能获得维持健康生命所需要的食物。农产品安全的不同层次之间既相互区别又相互联系。农产品数量安全是基础，是充分保证农产品的质量安全和可持续安全的重要前提。农产品质量安全是必要条件，离开质量安全谈数量安全就失去了生命健康保障的现实意义。农产品可持续安全是数量安全和质量安全在时间维度上的延伸，能够综合反映一个国家或地区的农产品安全稳定供给能力。

3.农产品质量安全

《中华人民共和国农产品质量安全法》（2022年修订版）所称的农产品质量安全，是指农产品质量达到农产品质量安全标准，符合保障人的健康、安全的要求。

应该说，农产品质量安全分为农产品质量和农产品安全两个层面。从农产品质量安全概念的辨析可以看出，农产品质量和安全特性都具有动态性，由于自然条件、经济条件以及农业发展所面临的主要矛盾存在差异，同一时期的不同国家或者同一国家的不同历史发展阶段，其农产品质量与安全的需求内容和目标不尽相同，农产品质量与安全的概念也在不断发展变化。在我国的管理实践中，农产品质量安全作为一个专有名词与农产品数量安全相伴而生，存在广义和狭义两种理解。从广义上看，农产品质量安全是质量与安全的组合，既包括农产品的外观、内在品质、使用价值、商品性能等质量要素，又包括农药残留、兽药残留、重金属污染等对人、动植物、环境存在危害和潜在危害的安全性因素；从狭义上看，农产品质量安全是指质量中的安全属性，旨在突出诸多质量要素中的安全要素，从而引起人们的关注和重视。

4.农产品"三品一标"

2020年以前，我国"三品一标"指的是无公害农产品、绿色食品、有机农产品和地理标志农产品。目前，我国农业"三品一标"包括农业生产和农产品两个层面的"三品一标"：一是农业生产"三品一标"，指的是品种培优、品质提升、品牌打造和标准化生产；二是农产品"三品一标"，指的是绿色食品、有机农产品、地理标志农产品和农产品质量安全承诺达标合格证。

（1）无公害农产品

根据《无公害农产品管理办法》，无公害农产品是指产地环境、生产过程和产品质量符合国家有关标准和规范的要求，经认证合格获得认证证书并允许使用无公害农产品标志的未经加工或者初加工的食用农产品。

需要注意：截至2023年底，我国最后一批无公害农产品认证证书均到期，无公害农产品及概念也将随之终结。

（2）绿色食品

根据《绿色食品标志管理办法》，绿色食品是指产自优良生态环境、按照绿色食品标准生产、实行全程质量控制并获得绿色食品标志使用权的安全、优质食用农产品及相关产品。

（3）有机产品

根据《有机产品认证管理办法》，有机产品是指生产、加工和销售符合中国有机产品国家标准的供人类消费、动物食用的产品。

（4）地理标志农产品

根据《农产品地理标志管理办法》，农产品地理标志是指标示农产品来源于特定地域，产品品质和相关特征主要取决于生态环境和历史人文因素，并以地域名称冠名的特有农产品标志。

（5）农产品质量安全承诺达标合格证

根据《农产品质量安全承诺达标合格证管理办法》（征求意见稿），农产品质量安全承诺达标合格证（简称"承诺达标合格证"）是指食用农产品生产经营主体根据质量安全控制、检测结果等开具，保证其销售的食用农产品农药兽药残留等符合农产品质量安全标准，落实主体责任的质量安全标识。

（四）农产品质量安全特性

相较于工业产品，农产品基本都是生物体，通常依赖于独特的自然环境、产地条件和环境因子，形成独具特色的品质和安全特性，为此，在质量安全特性上，农产品往往呈现出一些与工业产品不同的特点，主要体现在以下3方面。

1. 危害因子的伴生性与复杂性

农产品质量安全危害因子与其生产发育过程相生相伴，大多十分复杂，一般分为物理性、化学性、生物性和本底性污染4种类型。一方面，大多数农产品生产行为一致性差，其质量和安全不完全受制于投入原料和生产过程中的行为控制。除了受人为添加和使用的种子、种苗、肥料、农药等农业投入品的影响外，还受大自然生态环境中水、土壤、空气、光、温、热和外源性污染物影响，如工业"三废"、城市生活废弃物及环境中病原微生物及虫害等。另一方面，植物和微生物对环境具有天然的应激反应和抗侵染能力，在适应自然环境和逆境中会产生抵御外界不利因素的次生代谢产物，以提高其生存能力。此外，农产品本身富含糖类、蛋白质、维生素、矿物质和水分等营养物质，暴露于开放的生产流通环境中容易受到环境病原微生物的侵染，附着病原微生物并在适宜的条件下产生生物毒素。也就是说，农产品质量安全危害因子既可能有外源性添加物、病原微生物及其产生的生物毒素，也可能是在农产品生产过程中防虫防病用药后不可规避的农药残留，生长过程中在水、土、气等生产环境中被动吸附的重金属、多环芳烃等环境污染物，还有可能是在生长过程中由动植物与微生物等生物体所发生的各种生物化学反应而形成的各种次生代谢物质，以及农产品在正常生长发育过程中自然形成的毒素及相关生物毒素物质。因此，农产品中的农药兽药残留、重金属、生物毒素和病原微生物等危害因子常常伴随着农产品正常的生长发育过程，完全避免它们的产生并不现实。

2. 危害结果的多样性与严重性

农产品质量安全危害因子包括：通过人工或机械采收农产品而混入杂质、农产品因辐照导致放射性污染等；使用农药、兽药、添加剂等造成的残留；致病性细菌、病毒以及某些毒素等；产地环境中重金属超标及持久性有机污染物等。环节复杂，控制难度大。

一是危害的直接性。不安全农产品直接危害人体健康和生命安全。因此，质量安全管理工作是一项社会公益性事业，确保农产品质量安全是政府的职责，没有国界之分，具有广泛的社会公益性。

二是危害的隐蔽性。仅凭感官往往难以辨别农产品质量安全水平，需要通过仪器设备进行检验检测，甚至还需进行人体或动物实验。部分参数检测难度大、时间长，质量安全状况难以及时准确判断。

三是危害的累积性。不安全农产品对人体危害的表现，往往经过较长时间的积累。如部分农药、兽药残留在人体内长期低剂量暴露，才导致疾病的发生并恶化。

四是危害的多环节性。农产品生产的产地环境、投入品、生产过程、加工、流通、消费等各环节，均有可能存在潜在的危害因子污染风险，引发农产品质量安全问题。

3. 危害管控的长期性与艰巨性

农产品在开放的自然条件下生长，过程漫长，影响因子众多，生产个体差异大，生产过程控制难，农产品质量安全问题具有一定的长期性和复杂性。农产品生产周期长、产业链条复杂、区域跨度大。农产品质量安全管理涉及多学科、多领域、多环节、多部门，控制技术相对复杂，加之我国农业生产规模小，生产者经营素质偏低，农产品质量安全管理难度大。农产品的生产活动依赖于自然环境条件，自然环境稳定，农产品的生产活动就稳定；自然环境变化，农产品的生产活动就变化。特别是病虫害的发生，主要取决于当年和当季的气候条件和产地的生态环境状况。产地气候条件和产地生态环境不同，农产品生长过程中所发生的病虫害也不同，使用的农兽药种类品种及频次也不同，农产品中农兽药残留种类和水平也不同。可见，农产品质量安全受时空和环境条件的影响而变化，解决农产品质量安全问题不可能一蹴而就，更不可能一劳永逸，而是一项因时、因地、因事而异的长期性任务。

（五）农产品质量安全影响因素

从污染的途径和因素考虑，农产品的安全问题大体上可以分为化学性污染、生物性污染、物理性污染和本底性污染4种类型。

1. 化学性污染

化学性污染是指在生产、加工过程中不合理使用含化学物质的投入品而对农产品质量安全产生的危害。如使用禁用农药，过量、过频使用常规农药等造成的有毒有害物质残留污染，该污染可以通过标准化生产进行控制。

2. 生物性污染

生物性污染是指自然界中各类生物性因子对农产品质量安全产生的危害，如致病性细菌以及病毒等。生物性危害具有较大的不确定性，控制难度大，有些可以通过预防控制，而大多数则需要通过采取综合治理措施。

3. 物理性污染

物理性污染是指由物理性因素对农产品质量安全产生的危害，是由于在农产品收获或加工过程中操作不规范，不慎在农产品中混入有毒有害杂质，导致农产品受到污染，如在常规产品中混入木屑、杂质等。该污染可以通过规范操作加以预防。

4. 本底性污染

本底性污染是指产地环境中的污染物对农产品质量安全产生的危害，如灌溉水、土壤、大气中的重金属污染等。本底性污染治理难度最大，需要通过净化产地环境或调整种养品种等措施加以解决。

（六）农产品质量安全重要性

农产品质量安全是食品安全的源头和基础，在保护人民群众身体健康和生命安全、促进产业健康发展、维护国家经济发展与社会和谐稳定等方面都发挥了重要作用。

1. 保护公众消费安全

"民以食为天，食以安为先"。随着经济的发展和人们生活水平的提高，农产品质量安全越来越被广大消费者关注。然而，随着科技发展与进步，一些新技术和化学产品的广泛使用，实现了增产、提质等目标，但由于不正确、不合理使用等原因，产生了负面作用和危害，不仅使公众食品安全消费信心严重受挫，还严重威胁广大消费者身体健康。农产品质量安全，已成为影响人类健康的重要因素之一。

2. 促进农业产业健康发展

农产品质量安全水平也深刻影响着产业健康发展和农民增收与农业增效。"草莓乙草胺""毒生姜"等事件表明，一旦发生农产品质量安全事件，农产品销售往往迅速陷入困境，产业遭受严重的甚至毁灭性的打击，给农业生产者和农业产业带来不可估量的损失。农产品质量安全涉及农业产前、产中、产后多个环节，实施农产品全过程质量安全控制、科学监管以及农业标准化生产，能够不断提高生产者科学合理用药、用肥的能力，促进传统优势产业升级，推动农业生产结构向优质高效调整，实现农业资源的合理利用和农业生产要素的优化组合。

3. 维护农产品国际贸易利益

我国是农产品生产和出口大国，农业是遭受国外技术性贸易壁垒影响最为严重的行业之一。究其原因，一方面，有主要贸易伙伴不断提高质量安全要求和检测标准，设置技术性贸易壁垒，主动实施贸易保护的因素；另一方面，也有我国部分农产品技术含量低、品质差、品种结构不合理，不适应国际市场需求的因素。面对激烈的农产品市场竞争和日益严重的技术性贸易壁垒，要促进优势农产品出口，同时有效防范国外农产品大量进口对我国农业产生冲击，就必须在提升农产品质量安全能力上下功夫，为提高我国农产品质量安全水平和增强国际市场竞争力提供技术保障。

4. 增强政府公信力和影响力

作为基本的民生问题，农产品质量安全得到了世界各个政府特别是发达国家的高度重视。从国际经验来看，农产品质量安全事件会直接影响公众对政府的信任度，一些重大食品安全事件甚至会破坏社会稳定、危及国家安全。因此，能否保障食品安全包括农产品质量安全，已成为衡量政府执政能力的重要标尺之一。自2004年以来，我国政府开始高度重视食品安全工作，连续十几年中央一号文件持续要求强化食品安全监管。在2013年12月的中央农村工作会议上，习近平总书记强调"用最严谨的标准、最严格的监管、最严厉的处罚、最严肃的问责，确保广大人民群众'舌尖上的安全'"。由此可见，现阶段保障农产品和食品质量安全不仅是重要的基本民生问题，也是一项重要的政治任务。

我国蔬菜生产及质量安全发展现状

（一）我国蔬菜产业概况

蔬菜是我国除粮食作物外栽培面积最大、经济地位最重要的作物。我国是世界蔬菜生产和消费的第一大国，蔬菜已经成为我国种植业中仅次于粮食的第二大类农作物。蔬菜产业的发展对中国农业和农村的发展具有重要作用。改革开放以来，我国蔬菜产业得到了长足的发展，到2013年底全国蔬菜播种面积达到2 089.9万 hm^2，总产量7.35亿t，以不到12%的种植面积创造占种植业30%的产值，占农业总产值的比重接近15%，国内与国际贸易额以绝对优势居于农产品前列，已经成为我国农业乃至国民经济的重要组成部分。蔬菜产业已成为农村经济发展的支柱产业，在保障市场供应、增加农民收入、扩大劳动就业、拓宽出口贸易等方面发挥了重要作用。

随着城镇化的不断推进以及人们生活水平的提高，我国蔬菜行业需求持续增长，蔬菜种植面积和产量呈上升态势，且单产水平有所提高，城镇居民蔬菜消费量、消费金额也有所提升，消费者对于蔬菜品种多样化的需求也越来越高。2023年，我国蔬菜播种面积达到2 303.0万 hm^2，产量约为8.1亿t；蔬菜消费量约为8亿t，蔬菜行业市场规模约为47 338.27亿元。从国际范围看，我国虽然是蔬菜生产第一大国，但不是强国，总体水平与国外相比有较大的差距，如蔬菜种植产业现代化水平不高、蔬菜标准化体系不完善等。此外，我国在蔬菜的收获、初加工、包装、贮藏和运输环节取得了较快发展，产品商品化率也不断提高，但发展程度与发达国家相比还存在一定的差距，尤其在净化、干燥、分级等初加工和贮藏环节发展相对滞后。此外，经过多年发展，我国部分蔬菜在采收、初加工、包装、贮藏、运输等方面取得了明显进步，蔬菜商品化率有所提高，但总体水平与发达国家仍有一定的差距，特别是产地处理、冷链运输和产品贮藏等环节，一方面增加了蔬菜损耗、造成严重经济损失，另一方面也一定程度地影响了蔬菜产品质量安全。目前，我国蔬菜生产虽然局部存在结构性、季节性、地域性过剩现象，但蔬菜产销率总体较为合理。近年来，随着经济快速发展、生活水平日益提升及对身体健康的关注越来越高，消费者对蔬菜品质的要求随之提高，绿色、有机等安全、高质量蔬菜需求也日益增加。

（二）我国蔬菜质量安全主要影响因素

"民以食为天，蔬菜占半边"，蔬菜是城乡居民一日三餐不可或缺的主要食品，也是农民重要收入来源，其质量安全状况，已成为社会关注的热点。随着蔬菜产品供求基本平衡，人民生活水平日益提高，蔬菜的国际贸易快速发展，蔬菜的质量安全问题日益突出，已成为农业发展新阶段亟待解决的矛盾之一。影响蔬菜产品质量安全因素错综复杂，综合分析，主要有以下8方面。

①生产环境因素。一是因为工业特别是乡镇企业的发展增加了菜地尤其是城郊菜地土壤、大气中有毒物质的含量。二是化肥流失对环境造成的危害。三是农药对环境的污染和危害。

②农业投入品因素。一是从业人员文化素质整体偏低。对农药合理使用准则，以及农药的性质，如高毒、剧毒、内吸、致残等特性缺乏了解，而容易加大使用剂量，甚至超范围使用。二是农业投入品包装物的二次污染。主要是有毒有害农业投入品的包装物随意丢弃和二次重复利用带来的蔬菜产品和生产环境的污染。

③生产技术普及因素。农产品质量安全急需的技术支持体系不够健全，先进生产技术规范的推广、落实不到位；有害农业投入品的替代产品开发和推广应用不到位，一些先进农业生产技术储备不足；蔬菜产品质量标准体系建立和推广工作起步较晚，普及推广工作滞后，先进的生产技术与生产过程脱节较为严重。

④加工水平因素。一是添加剂超量使用。一些不正规的生产厂商，由于产品周转速度慢，为了延长产品的保存期，常常超量添加防腐剂、超范围使用保鲜剂等。二是标识不符合规定，有误导消费者之嫌。三是原料质量难以保证。四是加工设施和工艺简陋，安全隐患不容忽视。

⑤质量诚信机制因素。认证蔬菜产品往往以降低产量和增加生产成本，提升生产者风险为代价，但在蔬菜产品流通过程中，质量诚信机制不健全，许多消费者对认证蔬菜产品缺乏信任感，认证蔬菜产品优质优价难以实现，使生产者不愿意增加投入，蔬菜产品质量不能形成良性循环。

⑥组织化程度因素。规模化经营程度低，土地的分散经营和自由种植，农民组织化程度低，蔬菜产品质量安全与单个农户自身利益结合不够紧密，加大了优质蔬菜生产措施的推广、品牌的培育和监管难度。

⑦保障机制因素。法律法规不健全，很多质量安全问题处置，缺乏依据；投入机制不健全，行政推动力不强，政府投入不足，国家对优质蔬菜生产缺少鼓励政策，对新型高效农药的研制投入不足；农业部门自律性快速检测网络建设不到位，农业执法综合执法长效机制不健全。

⑧经营和管理体制因素。目前，我国分散的农户经营，企业与农户不能形成有效的利益共同体，质量追溯制度没有有效的载体，质量安全管理点对点治理不能有效实现，管理非常困难。

（三）我国蔬菜质量安全发展现状

经过多年的发展，我国蔬菜生产在新品种选育、育种技术、设施栽培技术、应用现代生物技术对蔬菜品种改良及其产业化都得到迅猛发展，并取得了长足进步；蔬菜病虫害综合防治、无土栽培、节水灌溉等技术也取得明显进步。这些科技含量的提升带来了蔬菜产量大幅增长，品种日益丰富，质量不断提高，市场体系逐步完善，总体上呈现良好的发展局面。

1. 蔬菜质量安全水平不断提高

近年来，全国蔬菜农药残留例行抽检合格率始终保持在97%以上，蔬菜质量安全水平保持较高水平。具体表现在以下3个方面。

①蔬菜质量安全标准体系不断完善。我国正逐步建立并完善的蔬菜质量安全标准体系，包括国家标准、行业标准、地方标准和企业标准等。这些标准体系对蔬菜的生产、加工、流通等各个环节进行了规范和约束，提高了蔬菜质量安全水平。

②蔬菜质量安全技术水平不断提高。随着科技的不断进步，蔬菜质量安全技术水平也在不断提高。新型农业投入品的研发和应用，提高了蔬菜产量和品质，同时也有利于保障蔬菜质量安全。新型检测技术的研发和应用，提高了对蔬菜中农药残留、重金属等有害物质的检测能力，为保障蔬菜质量安全提供了更加科学和有效的手段。

③农产品质量安全认证体系不断完善。我国已经建立了完善的农产品质量安全认证体系，包括绿色食品、有机食品等认证。这些认证体系对蔬菜的质量安全进行了严格的把关和审核，提高了蔬菜质量安全水平。

2. 生产者与消费者的安全意识明显提高

①生产者更加注重蔬菜质量安全。随着农业现代化的推进，生产者开始更加注重蔬菜的品质和安全性，采用更加环保、科学的生产方式，提高蔬菜质量。同时，生产者还更加注重蔬菜质量安全的监管和保障工作，积极配合政府和监管机构的管理，建立完善的生产记录和追溯制度。

②消费者更加关注蔬菜质量安全。消费者对农产品及蔬菜质量安全的关注度不断提高，更加注重蔬菜的营养价值、安全性以及生产过程的可持续性等方面。消费者开始更加关注蔬菜产品的生产环境、生产过程以及农药、兽药等农业投入品的使用情况，对蔬菜质量安全的要求也越来越高。

③媒体和公众更加关注蔬菜质量安全。媒体和公众开始更加关注蔬菜质量安全，对质量安全问题进行了广泛的报道和讨论。公众对蔬菜质量安全的关注度不断提高，对政府和监管机构的工作提出了更高的要求和建议。

3. 蔬菜质量安全监管力度不断加强

①监管体系不断完善。我国已经建立了比较完备的农产品质量安全监管体系，包括监管机构、检测机构、技术推广机构等，这些机构在农产品及蔬菜质量安全监管方面发挥了重要作用。

②监管力度不断加大。近年来，我国对农产品及蔬菜质量安全的监管力度不断加强，采取了一系列措施，如加强监管队伍建设、加大监管力度、严格执法等，进一步保障蔬菜质量安全。

③监管措施不断优化。我国在蔬菜质量安全监管方面采取了一系列优化与改进措施，如加强源头管理、加强过程控制、加强风险监测与风险评估、开展重点品种专项整治、推行网格化监管等，提高了蔬菜质量安全监管的效率和质量。

④监管效果不断提升。我国农产品及蔬菜产品质量安全监管效果不断提升，农产品质量安全水平不断提高，人民群众的满意度不断提高。

总之，我国蔬菜质量安全监管力度表现在多个方面，包括监管体系、监管力度、监管措施和监管效果等。这些措施的落实和实施，对保障人民群众生命健康发挥了重要作用。

三 国内外蔬菜生产及质量安全管控体系

蔬菜，是人们日常生活中不可缺少的重要食物资源，能提供人体所必需的多种维生素、矿物质、蛋白质、糖类和膳食纤维等营养物质。据统计，蔬菜在营养方面具有无可替代的优势和作用，能够提供90%人体所必需维生素C和60%维生素A。由于蔬菜生长特性、生产方式及品质特征，易受农药、重金属、致病菌等污染，当前蔬菜质量安全事件仍时有发生，许多国家都建立了相应的质量安全管控体系来强化蔬菜质量安全管理。

（一）发达国家蔬菜生产及质量安全管控体系

欧盟、美国、日本等发达国家和地区普遍高度重视蔬菜质量安全管理，主要通过法律监管、标准化生产、科学技术及社会化服务等来提升蔬菜质量安全水平。

1. 法律体系

美国是蔬菜生产大国，其较完善的法律法规为蔬菜质量安全奠定了坚实的基础。关于蔬菜质量安全，美国既有综合性的法律，也有具体的法规细则，涵盖了蔬菜产品从"农田"到"餐桌"的全部环节。欧盟则是高度重视农药立法，通过实施农药残留限量法规（EC）396/2005对各类农药的最大残留限量进行了综合、全面、详细的规定，以最大限度地保护不同消费群体权益，其中还对婴儿、儿童等敏感群体进行了特别规定。从技术性贸易壁垒角度出发，日本从2006年开始实施《食品中残留农业化学品肯定列表制度》，设定了734种农药、兽药和饲料添加剂近5万个限定标准。其中，对已知的农药在食品及蔬菜产品中的残留都明确设定了限量要求；对于未制订最大残留限量标准的农业化学品，实行"一律标准"，即低于0.01 mg/kg。该制度被称为当时最严格的农药残留标准，对我国出口日本的农产品尤其是蔬菜产品造成了巨大的负面影响。

2. 技术体系

从生产环节上看，由于具备经济实力强、自然条件及交通等综合优势，许多发达国家建立了较完备的技术体系：一是普遍注重因地制宜、合理统筹规划蔬菜生产布局，实现适宜品种蔬菜生产区域化，比如西班牙蔬菜生产集中在地中海沿岸、美国生菜生产主要集中于加利福尼亚州；二是普遍注重创新科技并采用先进绿色生产技术。许多发达国家特别重视蔬菜品种培育，比如美国利用转基因技术培育了许多抗病毒番茄、黄瓜品种，荷兰在抗虫蔬菜品种培育方面具有技术优势。此外，发达国家蔬菜产业整体科技含量普遍较高，特别是农药、肥料的使用及灌溉等方面。从流通环节上看，许多发达国家蔬菜生产销售集约化程度也很高，并建立了可追溯流通体系，其产品包装上标注蔬菜名称、规格、产地、生产者、条码等追溯信息。比如日本的蔬菜生产虽然也是以散户为主，但其农协发挥了重要作用，既有效确保了产品质量安全，又促进了蔬菜产品优质优价。

3. 标准体系

除了制定严格的安全标准外，许多发达国家对蔬菜质量、大小和包装等3方面也设定了相关标准，并在蔬菜生产、贮存、运输和销售等环节都有相应的操作标准。以美国为例，早在20世纪60年代就颁布了果蔬质量标准，并将其与法规相结合。同时，还制定了蔬菜和服务相关标准，覆盖蔬菜从生产到流通的各个环节，如蔬菜标准规定蔬菜在种植过程中必须限制使用化肥、农药等物质；在流通环节必须按照一定要求使用防腐剂、食品添加剂等化学物质；在消费者拿到最终蔬菜产品时，必须可以直接通过包装了解到蔬菜的产地、质量、采摘时间和成熟度等相关信息。目前，美国的蔬菜质量安全管理标准主要有 4 项，包括蔬菜识别标准、蔬菜质量标准、蔬菜容器填充标准和蔬菜质量分级标准，其中前 3 项由美国食品药品监督管理局（FDA）发布。日本政府对蔬菜的销售也进行了标准化，其中规定了 31 种蔬菜关于外观质量方面的国家标准，具体包括形状、色泽、是否干净、有无病虫害、是否腐败变质、有无沙土等异物；规格一般分为 5、6、7 三个等级标准，并根据分级标准设定不同蔬菜品种的质量、直径、长度、标准包装所能盛放的个数等指标。

4. 服务体系

发达国家的蔬菜生产社会化信息服务体系普遍建立了完善的各种服务机构，贯穿蔬菜生产流通的各个环节，包括提供保险服务，能够为蔬菜产业链提供产前、产中和产后的多方位社会化服务。例如，美国由种子公司、肥料农药销售商、运输公司、加工厂和农业协会等服务机构分工合作，产前服务提供农业物资和农业信息咨询；产中服务有专业人员对农户进行技术指导，并直接参与蔬菜种植过程；产后服务包括蔬菜的加工、包装、运输和销售等环节，这样保证了蔬菜产业链的正常运行。此外，美国还大力开展蔬菜产业信息化建设，建立了一项长期的"水果和蔬菜计划"，提供新鲜和加工果蔬产品的定级和检验服务、产品流动和价格信息，监督有关贸易法律、法规是否公平实施等，为果蔬生产者提供多方面的帮助。同时，美国政府还非常重视蔬菜安全风险信息的发布和交流，并加强蔬菜可追溯制度建设，以确保消费者能够及时获得蔬菜质量安全信息，减少蔬菜质量安全事故。日本蔬菜生产服务的中心是日本农业协同公会，其在质量安全管控、产品销售等方面发挥了重要作用。日本在蔬菜流通方面的电子信息化发展迅速。其中，销售终端（POS）系统和自动订货（EOS）系统被广泛应用，在方便连锁店和大型零售店迅速普及，提供每种蔬菜的销售情况和需求情况，这些信息化工作有力促进其蔬菜产品实现溯源管理。

5. 检测体系

国外许多发达国家都设有专业的农产品检测机构。美国的新鲜蔬菜水果由农业市场局及所属新鲜产品部进行检验，根据农产品的不同种类，分为区域性与全国性检测机构。英国则将农产品的检测机构细化为 3 个级别，分别是欧盟级、国家级和常规级别，将检测任务按级别划分，并交给对应的检测机构承担。在检测方法制定上，国外农产品中农药残留的检测标准与方法也较为成熟。例如，欧盟的农药残留检测方法体系简单清晰、方法数量少和重叠率低。其前处理方法多数使用以 QuEChERS 为代表的基质分散固相萃取法，具有可分析农药范围广、溶剂使用量少、操作简便、时间较短及所需人员少等优点。在检测机构检测能力方面，国外大多数检测机构资金充足，大型仪器设备和实验室设施配备齐全，检测人员技术水平较高，为高效率、大批量以及多参数的检测提供了设备基础与技术支撑。例如，在仪器配备方面，英国的大部分实验室配置了气相、液相、气质和液质等高精密度的仪器设备。在技术人员方面，美国的机构高度重视人员的招录与培养，检测人员基本是本科以上学历，专业相符且流动性低，为农产品检测提供了良好的人才基础。

6. 监管体系

在美国，农药监管体系分为对农药本身的监管和对农药使用的监管两个部分。其中，对农药本身的监管主要通过实行农药登记制度，农药上市之前，要经过登记、农药再登记和农药登记再评审这 3 个环节，从源头对农药安全做好把控；对农药使用的监管则是通过建立完善的追溯体系，颁布实施与农产品追溯相关的法律，采用国际物品编码协会的编码系统，对农产品生产、加工、包装、运输和销售每一个环节进行追溯，实现食品质量安全信息的全流程可追溯性。在英国，人们主要在超市购买蔬菜产品，因此英国政府对超市蔬菜的安全进行着严格管理。英国政府要求，英国超市的所有蔬菜必须达到欧盟制定的标准才能售卖，超市应对所销售的蔬菜的安全问题负责，一旦出现问题，超市率先受到处罚。作为一个岛屿国家，日本蔬菜产量较低，但无论是自己种植或是进口的蔬菜，都要求必须进行严格的检验才能进入家庭或饭店。日本各个蔬菜批发市场都设有专门的检验员，每天对蔬菜进行抽检，一旦发现农药残留超标，立即停止销售，并对蔬菜来源进行追溯，严惩蔬菜种植者或供应商。

（二）我国蔬菜生产及质量安全管控体系

近年来，我国蔬菜质量安全水平总体向好，但蔬菜农残超标情况依然存在，为此我国政府高度重视蔬菜质量安全管理，主要从六个方面建立并逐步完善一套符合国情的蔬菜质量安全管控体系。

1. 法律法规

目前，我国蔬菜生产及质量安全管理主要相关法律、行政法规有《中华人民共和国农业法》《中华人民共和国农业技术推广法》《中华人民共和国农产品质量安全法》《中华人民共和国食品安全法》《中华人民共和国食品安全法实施条例》《中华人民共和国农药管理条例》《食用农产品市场销售监督管理办法》等，以及各省、市、县制定的地方性制度等。这些法律法规从不同角度规定了蔬菜生产及质量安全管理的主体及其职责。其中,《中华人民共和国农产品质量安全法》是蔬菜质量安全管理最核心、最重要、最全面的一部法律。《中华人民共和国农产品质量安全法》经 2006 年 4 月 29 日第十届全国人民代表大会常务委员会第二十一次会议通过,于 2006 年 11 月 1 日正式实施;历经 2018 年第一次修正、2022 年第一次修订,修订版于 2023 年 1 月 1 日正式实施。

新修订的《中华人民共和国农产品质量安全法》共八章,分别为总则、农产品质量安全风险管理、标准制定、农产品产地、农产品生产、农产品销售、监督管理、法律责任和附则,共 81 条,较修订前的 56 条增加了 25 条。全文新增了六个方面内容:一是在关于农产品质量安全的定义中增加生产经营的农产品达到农产品质量安全标准的内容;二是在农产品质量安全标准中增加"储存、运输"农产品过程中的质量安全管理要求;三是强调要确保严格实施"国家建立健全农产品质量安全标准体系";四是因农产品质量安全监督管理责任落实不力、问题突出被约谈的地方人民政府,应当及时采取整改措施;五是食品生产者采购农产品等食品原料要查验许可证和合格证明;六是建立健全农产品质量安全全程监督管理机制。同时,该法一些重要内容也进行了重大调整、完善,并具有九大亮点:一是将农户纳入法律调整范围,实现农产品生产经营主体全覆盖;二是创新建立农产品承诺达标合格证制度;三是强化基层监管,夯实"最初一公里";四是健全完善风险监测和风险评估制度;五是明确农产品质量安全标准范围;六是突出绿色优质,加强地理标志农产品保护;七是加强农产品质量安全追溯管理;八是推进农产品质量安全信用体系建设;九是建立责任约谈制度,防范风险,压实责任。新修订的《中华人民共和国农产品质量安全法》,旨在实现从田间地头到百姓餐桌的全过程、全链条监管,进一步强化农产品及蔬菜产品质量安全法治保障。

2. 标准体系

标准是我国目前用来规范蔬菜安全生产的重要指导,高效的、科学的、系统的标准体系不仅可以引导蔬菜生产者安全生产操作规范,对蔬菜产地环境进行监控,提高我国蔬菜质量安全水平与国际竞争力水平,还是农产品质量安全监管的重要执法依据。目前,我国现行的农产品及蔬菜产品质量标准,从标准的适用范围和领域来看,主要包括国际标准、国家标准、行业标准、地方标准、团体标准和企业标准等。国际标准是指国际标准化组织(ISO)以及其他国际组织所制定的标准。根据《中华人民共和国标准化法》(2017 年修订版)规定"标准包括国家标准、行业标准、地方标准和团体标准、企业标准。国家标准分为强制性标准、推荐性标准，行业标准、地方标准是推荐性标准。强制性标准必须执行。国家鼓励采用推荐性标准。"目前，我国蔬菜质量安全标准体系支撑构架主要为"国家标准＋农业行业标准＋地方标准＋团体标准＋企业标准"。

（1）国家标准

国家标准是指对全国经济技术发展有重大意义，必须在全国范围内统一的标准。国家标准由国务院标准化行政主管部门编制计划和组织草拟，并统一审批、编号和发布。国家标准标有"GB"或"GB/T"字样。"GB"代表的是国家强制标准；"GB/T"代表的是国家推荐标准。

（2）行业标准

行业标准是指全国性的农业行业范围内的统一标准。《中华人民共和国标准化法》规定，对没有国家标准而又需要在全国某个行业范围内统一的技术要求，可以制定行业标准。农业行业标准由农业农村部组织制定，代号为NY。行业标准是对国家标准的补充，行业标准在相应国家标准实施后，自行废止。

（3）地方标准

地方标准是指在某个省、自治区、直辖市范围内需要统一的标准，对没有国家标准和行业标准而又需要在省、自治区、直辖市范围内统一的技术和管理要求，可以制定地方标准。地方标准由省、自治区、直辖市政府标准化行政主管部门制定。地方标准不得与国家标准、行业标准相抵触。在相应的国家标准或行业标准实施后，地方标准自行废止。地方标准的代号用"DB"表示。

（4）团体标准

团体标准是由依法成立的社会团体按照自行规定的标准制定程序制定并发布的标准，由社会团体成员约定采用或按照社会团体的规定供社会自愿采用。社会团体包括具有法人资格的学会、协会、商会、联合会和产业技术联盟等。团体标准是由社会团体自主制定、发布、采纳的标准，属于社会团体的自愿行为，无须向行政管理部门报批或备案，具有灵活性、创新性、公开透明、自愿采用的特点和优势。团体标准代号用"T"表示。

（5）企业标准

企业标准是企业根据需要自行按照企业有关程序制定，由企业法定代表人或法定代表人授权的主管领导批准、发布。企业生产的产品在没有相应的国家标准、行业标准和地方标准时，应当制定企业标准，作为组织生产的依据。若已有相应的国家标准、行业标准和地方标准时，国家鼓励企业在不违反相应强制性标准的前提下，制定充分反映市场、用户和消费者要求的企业标准，企业标准由企业组织制定，并按省、自治区、直辖市人民政府的规定备案。企业标准代号用"Q"表示。

国家标准、行业标准、地方标准、团体标准和企业标准之间的关系是：对需要在全国范围内统一的技术要求，应当制定国家标准；对没有国家标准而又需要在全国某个行业内统一的技术要求，可以制定行业标准；对没有国家标准和行业标准而又需要在省、自治区、直辖市范围内统一的技术要求，可以制定地方标准；团体标准由社会团体制定，适用于特定的社会团体成员使用。企业生产的产品没有国家标准和行业标准的，应当制定企业标准。国家鼓励企业制定高于国家标准的企业标准。

3. 质量安全认证

质量安全认证是发达国家农产品质量安全管控的通行方法，也是提高农产品质量安全水平、保障消费安全的重要技术手段之一。多年来，我国农产品认证工作从无到有，逐步规范、不断发展，基本形成了以产品认证为重点、体系认证为补充的农产品（蔬菜）认证体系。

（1）产品质量认证

除已停止的无公害农产品认证，目前我国涉及蔬菜产品认证主要有绿色食品认证和有机食品认证2种。它们是我国农业阶段性发展的必然产物，在水平定位、产品结构、技术制度、运行方式、发展机制和标志管理上有各自的特点。

绿色食品是为顺应农业可持续发展的潮流和满足国内外市场的需求而产生的，指产自优良环境，按照规定的技术规范生产，实行全程质量控制，无污染、安全、优质并使用专用标志的食用农产品及加工品，包括A级和AA级。1990年，原农业部启动了绿色食品开发管理工作。1992年，原农业部成立绿色食品管理办公室，并于同年11月组建中国绿色食品发展中心。绿色食品标准是参照国际食品法典委员会（CAC）标准以及欧盟、美国、日本等发达国家标准制定。绿色食品认证的产品以初级农产品为基础、加工农产品为主体，按照"从土地到餐桌"全程质量控制的技术路线，建立了"两端监测、过程控制、质量认证、标志管理"的质量安全保障制度；推行的是质量认证与商标管理相结合的认证管理模式，采取了政府推动与市场运作相结合的发展机制。

根据国际有机农业联盟（IFOAM）的定义，有机食品（Organic Food）是根据有机农业和有机食品生产、加工标准而生产、加工出来，经过授权的有机食品颁证组织颁发给证书，供人们食用的食品。我国有机食品是顺应国际有机农业发展潮流，结合国情开展起来的。有机食品认证工作在我国最早始于20世纪90年代初，由国外有机食品认证机构对我国农产品生产企业进行认证检查。1994年，经国家环境保护局批准，在南京成立了国家环境保护局有机食品发展中心（简称"OFDC"）。我国农业系统的有机食品认证工作开始于AA级绿色食品认证。1995年中国绿色食品发展中心为与国际有机食品接轨，开展了AA级绿色食品的认证工作。2002年，经原农业部批准，中国绿色食品发展中心成立了中绿华夏有机食品认证中心（COFCC），专门从事农业系统有机食品的认证工作。目前，我国经国家认证认可监督管理委员会（以下简称"国家认监委"）批准的有机食品认证机构有近30家。此外，还有许多国外认证机构在中国开展有机食品认证业务，包括美国的OCIA、法国的ECOCERT、德国的BCS、瑞士的IMO和日本的JONA等机构。有机食品按照有机农业生产方式，对产品质量安全不作特殊要求，满足特定消费，主要服务于出口贸易；产品以初级和初加工农产品为主；强调常规农业向有机农业转换，推行基本不用化学投入品的技术制度，保护生态环境和生物多样性，维护人与自然的和谐关系；注重生产过程监控，一般不做环境监测和产品检测；按照国际惯例，采取市场化运作。有机食品标识在不同国家和不同认证机构也各不相同。

（2）质量体系认证

在我国蔬菜质量安全管理体系认证中应用较广的有HACCP（Hazard Analyze and Critical Control Point，危害分析关键控制点）、GAP（Good Agricultural Practices，良好农业生产规范）等。这些体系认证均来源于发达国家，既满足了国内农产品的生产实际和质量安全管理需要，也有利于与国际接轨、促进农产品出口。

HACCP是一个被国际广泛认可的、保证食品免受生物性、化学性及物理性危害的预防体系。它产生于20世纪60年代美国宇航食品生产企业，主要是指通过运用科学和系统的方法，分析和查找食品生产过程中的危害，确定具体的预防控制措施和关键控制点，并实施有效监控，从而确保产品的安全卫生质量。1989年美国发布了"食品生产的HACCP法则"，1997年12月，美国对从事将水产品输入美国的企业强制要求建立HACCP体系，否则其产品不能进入美国市场。作为世界范围内保证食品安全卫生的准则，HACCP被联合国食品法典委员会采纳并向全球推广，并被许多国际组织如FAO、WHO、CAC等认可。20世纪80年代，原国家商检局开始研究HACCP体系，并在出口食品企业进行试点。2002年，国家认监委发布了《食品生产企业危害分析与关键控制点（HACCP）管理体系认证管理规定》，要求有关机构和出口食品加工企业按照相应规定，建立、实施、认证和验证HACCP管理体系。同年，国家认监委又发布了《出口食品生产企业卫生要求》及《卫生注册需评审 HACCP 体系的产品目录》，要求出口程度较高的食品生产企业强制性认证和卫生注册相结合，规定 6 类产品强制要求卫生注册需评审有 HACCP 体系，即罐头类、水产品类（活品、冰鲜、晾晒、腌制品除外）、肉及肉制品、速冻蔬菜、果蔬汁、含肉或水产品的速冻方便食品。

良好农业规范，简称"GAP"，是 Good Agricultural Practices 的缩写。从广义上讲，良好农业规范作为一种适用方法和体系，通过经济的、环境的和社会的可持续发展措施，来保障食品安全和食品质量。GAP 由欧洲的零售商生产工作组（EUREP）于 1997 年创办，在欧洲称为 Eurep GAP 体系，包括标准体系及认证体系两个部分。EUREP GAP 体系是目前针对田间及鲜活农产品田间管理过程最为小型、最为详尽的质量安全管理体系。GAP 主要针对未加工和最简单加工（生的）出售给消费者和加工企业的大多数果蔬的种植、采收、清洗、摆放、包装和运输过程中常见的微生物的危害控制，其关注的是新鲜果蔬的生产和包装，但不限于农场，包含了从农场到餐桌的整个食品链的所有步骤。GAP 是以科学为基础，其采用是自愿的，但 FDA 和 USDA 强烈建议鲜果蔬生产者采用。作为大型超市采购农产品的评价标准，EUREP GAP 不仅在欧洲零售商业内受到青睐，而且受到越来越多的政府部门的重视，并于 2007 年 9 月 7 日宣布将名称和标识更改为 GLOBAL GAP。

2004 年以来，我国加快建立了 GAP 认证和标准体系，2005 年由国家认监委组织有关专家制订并由国家标准化管理委员会发布了系列 GAP 国家标准，2006 年发布了《良好农业规范认证实施规则》，建立了我国统一的 GAP 认证体系，统称为"中国良好农业规范（China GAP）"认证。根据我国国情，China GAP 认证分为一级和二级两级，China GAP 一级认证与 GLOBAL GAP 等同。其中，一级认证要求符合适用良好农业规范相关技术规范中所有适用一级控制点的要求，并且至少符合所有适用良好农业规范相关技术规范中适用的二级控制点总数 95% 的要求，不设定三级控制点的最低符合百分比；二级认证要求所有产品应至少符合所有适用模块中适用的一级控制点总数的 95% 的要求，不设定二级控制点、三级控制点的最低符合百分比。

4. 农业技术推广

多年来，由于蔬菜种类多，生产方式和模式多样，生产过程也相对复杂，质量安全风险和隐患多源化，为此我国各级政府和相关部门从产地环境控制、生产过程及投入品管控、病虫害绿色防控、采后贮藏保鲜、质量追溯等各个角度进行了相关配套技术推广。比如，从产地环境角度，建议蔬菜生产基地应选择温湿度及光照适宜的生产区域，建在生态环境良好，空气、灌溉水及土壤质量符合对应等级蔬菜生产技术规范要求，没有环境污染、交通便利、地势平坦、土壤肥沃、排灌条件良好；在种苗选择方面，建议结合蔬菜特性特点、产地气候条件及生产方式等选择抗病、抗逆等适宜的优良品种，为产量、品质和质量安全管控打好基础；从投入品管理和使用角度，建议要从正规渠道采购农药、肥料等重要投入品，严禁使用高毒、高残留农药，以及国家禁止在蔬菜上使用的农药，积极推广安全、高效、低毒投入品。根据病虫害防治需求合理使用低毒、低残留农药，并做好记录。根据不同蔬菜需肥特点、土壤类型、肥料特性进行合理高效施肥。科学合理使用植物生长调节剂、微生物菌剂等其他农业投入品。积极推广绿色防控、测土配方施肥等技术，通过选用优良抗病、抗虫品种，轮作倒茬等农业防治措施，采用以虫治虫、以菌治虫、抗生素治虫等生物防治措施，使用防虫网、人工捕杀、灯光诱杀、色板诱杀、高温消毒、臭氧消毒等物理防治措施，以及科学合理使用化学农药。针对防治对象选用适合的农药在敏感期使用，交替使用药剂，并根据药剂、蔬菜与病虫害特点选择施药方法，以充分发挥药效，降低药害及对环境的影响等；从生产管理角度，建议对地块编号、蔬菜品种、种植面积、定植时间、肥料名称、施用时间、施用方法、施用量等用肥情况，病虫害防治目的、农药名称、施用时间、施用方式、施用量、安全间隔期等用药情况，以及产品收获时间、收获量等记录，有条件的还可以通过信息手段进行记录，以便蔬菜实现质量追溯等；从采后管控角度，建议根据蔬菜产品种类和品种特点、产品用途、贮藏时间和条件、运输距离和设备等确定采收时期，并适时采用整理与挑选、预冷、愈伤、催熟、晾晒、洗涤等措施进行产品处理等；从产品分级与包装角度，建议按照相应标准采取人工、机械或图像等方式对蔬菜产品进行形状、大小、洁净度、病虫害、新鲜度、质量、色泽等进行分级，并根据不同蔬菜特性选择符合国家安全要求、具有一定机械强度、通透性良好等特点的内外包装材料等；从蔬菜产品销售角度，要求施行承诺达标合格证制度，所有蔬菜上市时应以销售包装为单元开具承诺达标合格证，以适当方式固定在包装表面。散装销售的蔬菜，应以批次为单元开具承诺达标合格证，实行一批次一证，随附流通。

5. 农产品质量检验检测

当前，我国农产品及蔬菜产品质量安全检验检测工作主要由农业农村、市场监督管理等部门负责。原农业部作为农产品质量安全管理的主管部门，成立了专门的管理机构，先后启动并实施了《全国农产品质量安全检验检测体系建设规划（2006—2010年）》和《全国农产品质量安全检验检测体系建设规划（2011—

2015年)》。通过多年努力，目前我国农产品及蔬菜产品质量安全检验检测体系基本健全、布局更加合理、功能更加完善，形成部、省、地（市）、县上下贯通、职能明确、运行高效、参数齐全、支撑有力的农产品及蔬菜产品质检体系，具体体现在：一是基本构建起以部级质检中心为龙头、省级综合质检中心为骨干、地（市）级综合质检中心和县级综合质检站为基础的农产品质检体系。部级质检中心达到所在领域国际同类先进研究机构的水平，成为中国检测技术的主要研究平台。技术研发能力方面，省级综合质检中心成为本地区仪器设备相对较全、技术水平相对较强、人员素质相对较高的质检技术支撑和研究平台。二是检测能力方面，检测范围能够完全覆盖产地生态环境、投入品、农产品及其生产全过程。部、省两级检测机构能够满足按相关国际标准，关键质量安全参数的最小检出限和检测精度也能够满足要求。其他各级检测机构的检测能力和水平也有了明显提升，大多能够满足相应检测工作需要。三是风险监测和预警能力方面，构建起覆盖主要产区、重点农产品、关键危害因子的农产品质量安全风险监测与预警网络体系，能全面、有效和实时监测农产品质量安全危害因子及其危害程度，实现现有各级各类监测数据联网共享，提高数据分析研判和隐患排查能力。

6. 农产品质量监督管理

多年来，我国以农业农村部为主要的农产品质量监督管理部门，始终坚持加强农产品及蔬菜质量安全监管。比如深入开展蔬菜重点品种质量安全专项整治。以蔬菜生产违规使用高毒农药问题为重点，强化农药登记审批和市场执法监管，加强农药使用技术指导，严防超范围、超剂量使用，大力推行高毒农药定点经营，推广专业化统防统治；大力推进农业标准化，加快标准制修订进程，深入开展标准化生产示范，稳步推进农产品认证，将"三品一标"农产品全部纳入各级农业行政主管部门的例行监测、监督抽查和执法检查范围，加大抽检比例和频率，维护好"三品一标"品牌形象和社会公信力；全面强化农产品质量安全执法监督。根据新修订的《中华人民共和国农产品质量安全法》要求进一步加强农产品质量安全监督管理，与食品安全法相衔接，加大了对违法行为的处罚力度，并对做好行刑衔接作了规定。我国制定了《农业综合行政执法管理办法》并于2023年1月1日实施，多数省份成立了农业综合执法机构，并普遍设立了农产品质量安全执法部门，逐步建立了一支自上而下的专业执法队伍。同时，农业农村部也积极创新工作机制，推动乡镇农产品质量安全管理网格化、规范化、精准化，夯实监管"最后一公里"等。这些，都有效强化了我国蔬菜质量安全监督管理，进一步保障了我国蔬菜产品质量安全。

第二章 蔬菜生产及质量安全影响因素

蔬菜的质量安全和稳定供应保障是满足人民基本生活需求、提升国民健康水平的关键因素。然而，在蔬菜的实际生产过程中，从大的生态环境到具体的生产操作细节，许多因素都会对其质量安全产生影响。因此，我们需要全面梳理这些影响因素，为保障蔬菜的生产及质量安全奠定坚实的基础。本章从化学性污染、生物性污染和物理性污染等方面梳理了影响蔬菜生产及质量安全的因素及危害，供各位读者了解和参考。

一、化学性污染来源及危害

（一）农药残留

1. 定义

农药残留是指使用农药后，在农产品及环境中农药活性成分及其他性质上和数量上有毒理学意义的代谢（或降解、转化）产物。这些农药残留物可能会通过食物链最终影响人类的健康，因此对其监控和评估具有重要的环境和食品安全意义。

农药残留的产生主要源于农药的不合理使用，如过量使用、使用时机不当、使用方法不正确等。此外，农药本身的化学稳定性、在土壤和水体中的降解速率等因素也会影响农药在环境中的残留时间和浓度。

2. 现状

农药的使用是减少蔬菜病虫害、控制杂草及提高蔬菜产量的有效措施。目前，全球每年约有 200 万 t 农药用于种植业。在我国农药总使用量中，有机磷类农药占 34%，菊酯类农药占 2%，除草剂占 26%；在除草剂总使用量中，含草甘膦除草剂占 52%。随着农药长期、过度地使用，导致土壤和地下水污染、作物农残超标，给人类生活环境和饮食等带来潜在风险。已有大量研究表明，有机氯类、有机磷类、菊酯类以及除草剂等农药在土壤环境中被广泛检出，引发了人们对农药残留潜在健康风险的高度关注。尽管土壤对农药具有一定的过滤、降解和解毒作用，但仍有部分农药在土壤中大量残留，例如有机氯农药六六六、滴滴涕以及除草剂莠去津和草甘膦等。这些农药还存在二次排放至大气、地下水和生物体内的风险。一些有机磷类农药的土壤吸附常数较低，容易随雨水淋溶或地表径流过程进入水体。此外，农药在作用靶标生物的同时，对土壤的生态功能也造成了破坏。例如，有研究发现施用草甘膦会降低土壤中微生物数量和种群多样性。

随着现代农业的发展，农药在保障作物产量和质量方面发挥了重要作用。然而，农药残留问题也随之而来，对人类健康和环境构成了潜在的威胁。为了有效降低农药残留，保障农产品质量安全和生态环境，我们需要采取一系列科学、合理的措施。一是科学合理使用农药，严格按照农药使用说明书规定的用药量、用药次数、用药方法和安全间隔期使用农药，避免过量使用和滥用农药；二是推广绿色防控技术，通过生物防治、物理防治等绿色防控技术替代化学农药的使用，减少农药残留的产生；三是加强农产品质量安全监管，建立健全农产品质量安全监管体系，加强农产品农药残留的检测和监测工作，确保农产品质量安全；四是提高消费者意识，加强消费者对农药残留危害的认识和了解，引导消费者选择安全、健康的农产品。

3. 来源

农药残留的形成，一方面是在蔬菜生长过程中使用的农药，由于蔬菜自身的代谢作用和生长特点，农药会不同程度地残留在蔬菜内部和表面；另一方面是通过漂移、渗流等方式进入土壤、水体和大气等环境介质中，形成环境残留，从而对生态系统造成长期影响。以下是一些常见的来源。

（1）产前来源

农药残留在产前环节的主要来源是土壤中残存的农药。在某一地块、前茬蔬菜种植过程中喷施的农药，大部分药剂会流落到土壤中，对于其中没有自然分解的部分农药则会残留在土壤中，产生地块性质的农药残留。土壤中部分农药的残留期比较长，由于长期不规范使用，导致农药在土壤等环境中蓄积，在下一茬蔬菜定植后，土壤中的农药一部分会被蔬菜根系吸收，并转移到蔬菜地上部位，进而使其在蔬菜中再残留。

（2）产中来源

产中环节的主要农药残留来自农药施用、空气漂移、土壤残留和随水携带等。其中，农药在蔬菜上的直接应用是导致农药残留的直接原因之一。部分农药会沉积在蔬菜表面，部分则可能渗入蔬菜内部。随着时间的推移，这些农药会逐渐降解，但在此过程中可能仍有残留。

农田周围施药后，部分农药会从施药表面挥发进入大气，并可能吸附在飘浮的尘埃上，或者直接随气流飘来的雾滴、粉粒等。这些农药会在一定距离外直接沉降或随雨水淋降在蔬菜上。

土壤中残留的农药一部分会被作物根系吸收，并随植物生长转移到作物可食用部分。此外，某些具有挥发性的农药还可能从土壤中挥发到空气中，进而被蔬菜吸收。

农田灌溉和喷药需要大量用水，这些水如果被农药污染，就会携带农药进入蔬菜体内。水溶性大的农药更易随水进入蔬菜体内。

（3）产后来源

产后环节主要的农药残留则来自贮存加工环节中保鲜剂、防腐剂、添加剂等的使用，如贮存场所使用的熏蒸剂等。此外，使用了隐性非法加入农药的农资，也可能导致一些蔬菜中出现超范围使用的农药残留。

4.分类

农药残留可以按照化学成分、毒性等进行分类。

（1）化学成分分类

①有机磷农药残留，如乐果、敌敌畏等，这类农药具有高效、广谱的杀虫效果，但毒性较大，易在环境中残留。

②有机氯类，如六六六、滴滴涕等，由于其稳定性高，在环境中不易降解，易在生物体脂肪中蓄积。

③氨基甲酸酯类农药残留，如杀螟丹、异丙威等，这类农药对害虫具有快速击倒作用，但也可能对哺乳动物产生毒性。

④拟除虫菊酯类农药残留，如溴氰菊酯、氯氰菊酯等，这类农药具有高效、低毒的特点，但长期使用可能导致害虫产生抗药性。

（2）毒性分类

①高毒农药残留，如甲基对硫磷、甲胺磷等，这类农药对人和动物具有高度的毒性，应严格控制其使用。

②中毒农药残留，如氧化乐果、克百威等，这类农药的毒性介于高毒和低毒之间，使用时需注意剂量和时机。

③低毒农药残留，如阿维菌素、吡虫啉等，这类农药的毒性较低，但仍需遵

守安全使用规定。

了解和掌握农药残留的定义与分类，有助于我们更好地认识农药残留问题，采取有效的措施减少农药残留对环境和人体健康的影响。同时，对于蔬菜生产者而言，合理选择和使用农药，遵守农药使用规定，也是减少农药残留的重要措施。

5. 危害

（1）对人类健康的危害

长期食用含有农药残留的食品，会对人体健康造成损害。农药中有害物质在人体内积累到一定程度后，可能引发慢性中毒，影响神经系统、免疫系统、内分泌系统等。特别是对于一些毒性较大、半衰期较长的农药，其危害更为严重。农药残留还可能增加患癌风险，因为一些农药被国际癌症研究机构列为致癌物。

（2）对环境的污染

农药残留不仅存在于蔬菜中，还可能通过水体、土壤等环境介质传播，对生态环境造成污染。农药残留会破坏生态平衡，影响生物多样性，对水生生物、土壤微生物等造成危害。同时，农药残留还可能通过食物链富集，最终对人类健康造成威胁。

（3）对蔬菜品质的影响

农药残留会降低蔬菜的品质，使其口感、色泽、营养价值等受到影响。此外，农药残留还可能引发消费者对农产品的信任危机，对农产品市场造成负面影响。

总的来说，农药残留的来源多种多样，从农药的直接使用到环境因素的间接影响，都可能导致农药在农作物和环境中的残留。因此，在使用农药时，应严格遵守相关规定，确保使用安全，并尽可能减少农药残留的风险。减少农药残留需要我们从多个方面入手，通过合理使用农药、安全使用农药、采取避毒措施、综合防治、掌握收获期和去污处理等措施的综合应用，有效降低农药残留对人类健康和环境的威胁，保障食品安全和生态环境安全。

（二）生物毒素

1. 定义

蔬菜中会存在生物毒素污染风险。植物内外源毒素及其合成与降解的生物学机制毒素是生物体产生的毒物。可按照产生方式分为内源毒素和外源毒素。

2. 现状

植物在生长过程中，除了合成核酸、糖、蛋白质、脂肪等各种维持生命所必需的营养物质外，还会产生各种具有抗菌、自我保护、生命调节和抵抗不利生长环境作用的次生代谢产物。植物次生代谢产物也称为植物天然产物，种类繁多，化学结构各异，除对植物自身具有功能外，还具有广泛的生物学活性。对人类而言，这些化合物生物学活性具有两面性：一方面有益，如具有抗炎、镇痛和抗肿瘤等生物学活性的植物次生代谢产物，是药物的重要来源；另一方面有害，部分植物次生代谢产物可影响植物及植物产品的风味，降低利用价值，危害食用者健康，严重时导致中毒甚至死亡。另外，植物作为天然的培养基，在生长、发育、采收、储存、加工的过程中都可能受到真菌、细菌等微生物产生的外源毒素污染。遗传因素如物种、品种、基因多态性是植物内源毒素产生的内因，而外界环境如温度、水、气候等因素则是植物内源毒素含量的重要影响因素。

3. 来源

植物内源毒素是植物中天然产生的毒素，是植物天然产物的重要组成部分，具有广泛和多样的生物作用，对动物和人类可能有利，也可能有害。这些化合物绝大部分属于植物的次生代谢产物，在植物生命过程中具有防御机制，保护植物免于被采食或感病。

真菌、细菌除了作为植物生长和发育的外部威胁因子，影响植物次生代谢产物的合成及蓄积外，在植物生长发育过程中还可以产生毒素，是植物外源毒素的重要来源。

4. 分类

（1）内源毒素

目前，有超过10万种植物次生代谢产物被鉴定为植物毒素，它们结构迥异，丰富多样，根据化学结构可以将其分为萜类、生物碱、苷类、酚类等。植物次生代谢产物的种类和含量同时受到植物遗传特性和外部环境的影响，特定次生代谢产物通常只分布在很有限的植物类群中，而其结构越特殊，在植物类群中的分布范围就越窄，其产生和积累常常受外部环境因素及自身生长发育的影响。植物毒素也存在类似特征。

（2）外源毒素

植物外源毒素分为细菌毒素、真菌毒素、病毒毒素等，其中真菌毒素是最常见和危害最为严重的毒素。

根据对寄主植物作用的特异性，将真菌毒素分为寄主专化性毒素（host-selective toxin，HST）和非寄主专化性毒素（non-host-selective toxin，NHST）。

HST对寄主植物具有特异性生理活性和高度专化性作用，NHST则对寄主或非寄主植物都具有生理活性和非专化性作用。随着对毒素作用范围测试的不断扩大，许多HST也显示出了NHST的特点，因此对某些植物病原菌的次生代谢产物已不宜用HST和NHST来限定。例如，链孢属（Alternaria）真菌既能产生HST，也可以产生NHST；而细链格孢（A.tenuis）和百日草链格孢（A.zinniae）可产生NHST。

HST是病原菌产生的对寄主植物具有特异性生理活性和高度专化性作用位点的有毒代谢物。到目前为止，能产生寄主专化性毒素的植物病原真菌至少有21种，来自9个属，主要为链格孢属（Alternaria）、长蠕孢属（Helminthosporium）和刺盘孢属（Colletotrichum）等。另外，来自棒孢霉属（Corynespora）、镰刀菌属（Fusarium）、黑葱花霉属（Periconia）和叶点菌属（Phyllosticta）的真菌也能产生HST。

NHST是病原菌产生的一类对寄主植物具有一定生理活性和非专化性作用位点的有毒代谢物。在一定浓度下，这类物质就能造成寄主植物的敏感性反应，由此也能区分寄主植物的抗病性差异。目前共发现超过60种非寄主专化性毒素，包含至少15种化学结构已明确的毒素。目前，已报道的非寄主专化性毒素主要来自镰刀菌属、尾孢菌属、轮枝孢属、梨孢属、疫霉属、核盘菌属、链格孢属、长蠕孢属、茎点霉属、刺盘孢属等，这些NHST的致病范围很广，对寄主和非寄主都会产生一定程度的毒性作用。

真菌毒素的类别主要分为以下9种。

（1）肽和蛋白类毒素

十字花科植物黑斑病菌（Ateraria brasicae）产生的一种环状肽和玉米圆斑病菌（Heminthosporium carbonum）产生的环状四肽都是肽类毒素。小麦褐斑病菌（Pyrenophoratritici-repentis）产生的PTR毒素和棉花黄萎病菌（Verticiliun dahliae）产生的棉花黄萎病菌毒素（VD毒素）都属于蛋白类毒素。

（2）糖肽和糖蛋白类毒素

稻瘟病菌（Pyricularia oryze）产生的诱发白穗的毒素、柑橘干枯病菌（Phoma tracheiphila）产生的致病毒素均为糖肽类毒素；烟草枯萎病菌（Fusarium oxysporum f.sp.nicotianae）毒素和烟草黑胫病菌（Phytophthora nicotianae）毒素则属于糖蛋白类毒素。

（3）多糖及糖苷类毒素

除了产生蛋白类毒素，棉花黄萎病菌还可以产生多糖类毒素；甘蔗眼斑病菌

（*Helminthosporium sacchari*）产生的长蠕孢糖苷是一种糖苷类毒素。

（4）脂类和酯类毒素

炭疽菌中的瓜类刺盘孢 2 号小种可产生脂类毒素，链格孢属真菌产生的 AK、AF、ALL 毒素也都属于脂类化合物；甜菜尾孢病菌（*Cercospora beticola*）产生的甘油三酯类毒素对植物有弱毒性；拟茎点霉属某种（*Phomopsis* sp.）产生的 OPT 毒素是一种海松烯内酯，在松树体内可转化为真正的致病毒素——异海松烯内酯而引起松树针叶和枝干病害。

（5）芳环、杂环化合物及其衍生物类毒素

多为非寄主专化性毒素，种类较多。例如，链格孢菌（*Alternaria alternata*）、百日草链格孢菌（*A.zinniae*）和根丛赤壳（*Nectria radicicola*）均可产生酚类毒素；立枯丝核菌（*Rhizoctonia solani*）可产生苯乙酸、羟基苯乙酸和羟基苯甲酸等芳香酸类毒素；致病疫霉（*Phytophthora infestans*）可产生香豆素；寄生隐丛赤壳菌（*Endothia parasitica*）、菊池链格孢菌（*Alternaria kikuchiana*）、核盘菌（*Sclerotinia sclerotiorum*）、黑麦草核腔菌（*Pyrenophoralolii*）等均可产生酚衍生物香豆素类毒素；叶点霉菌属物种（*Phyllosticta* spp.）、桑担卷菌（*Helicobasidium mompa*）、三侧毛壳菌（*Chaetomium trilaterale*）和豌豆腐皮镰孢菌（*Fusariumsolanif.sp.pisi*）等均可产生醌类和半醌类毒素。

（6）萜、类萜及甾类毒素

扁桃壳梭菌（*Fusicoccum amygdali*）产生的壳梭孢素、长蠕孢菌产生的蛇孢腔菌素和麦根腐长蠕孢菌（*Helminthosporium sativum*）产生的毒素均为倍半萜类化合物；茄镰孢菌（*Fusarium solani*）产生的茄镰孢吡喃酮、根状葡柄霉（*Stemphylium radicinum*）产生的根状素、链格孢菌产生的链格孢酚 - 甲基醚和链格孢烯等吡喃酮衍生物和镰孢菌产生的单端孢霉烯类均为萜类或类萜化合物；尾孢菌（*Cercospora* spp.）产生的苯并芘衍生物类毒素、西瓜枯萎病菌（*Fusarium oxysporum* f.sp.niveun）产生的一种毒素及其他一些病菌中的菲醌类和菲酚类毒素都是甾类毒素。

（7）氨基酸衍生物类毒素

几种镰孢菌（*Fusarium* spp.）和藤仓赤霉菌（*Gibberell fikroi*）产生的镰孢菌酸为简单的氨基酸衍生物类毒素；镰孢菌产生的番茄萎蔫素、盘长孢状刺孢菌（*Colletotrichum gloeosporioides*）和尖镰孢（*Fusarium oxysporum*）产生的曲霉萎凋素 A 和 B，以及链格孢菌产生的细交链格孢酮酸（TeA）均为较复杂的氨基酸衍生物类毒素。

（8）酮类

如玉米小斑病菌（*Helminthosporium maydis*）T 小种产生的 HMT-toxin 和玉米黄叶枯病菌（*Phyllosticta maydis*）产生的 PM 毒素都属于线型聚乙酮醇。

（9）其他类型毒素

真菌在侵染植物过程中还可以产生各种各样其他类型的毒素。例如，核盘菌产生的草酸、根菌产生的延胡索酸为有机酸类毒素；一些真菌产生的毒素含有不饱和碳链，如梨黑斑病菌（*Ateraria hiauchiona*）产生的 AK 毒素、镰孢菌产生的玉米赤霉烯酮类毒素；小茎点霉菌（*Phoma exigua*）产生的细胞松弛素 B 由一个大内酯环稠合于高度取代的八氢化异吲哚体系而组成。

5. 危害

植物病原真菌毒素的致病机制复杂，它主要通过作用于寄主植物的细胞器等结构影响植物的生理生化过程。真菌毒素作用位点主要包含细胞质膜、叶绿体和线粒体等，主要影响寄主植物的水分代谢、防御酶体系、蛋白质代谢、核酸代谢和酚类代谢等生理生化过程。以下针对危害严重的几种真菌毒素详细说明。

（1）黄曲霉素

黄曲霉菌隶属于子囊菌门（Ascomycota）发菌科（Trichocomaceae）曲霉属（*Aspergillus*），是一种常见的腐生型好氧真菌，是人和动植物的共同病原菌。黄曲霉菌是一种形态复杂的真菌，根据其菌核大小分为 L 型和 S 型。L 型和 S 型黄曲霉菌均可产生黄曲霉毒素 B_1 和黄曲霉毒素 B_2，S 型黄曲霉菌还可产生黄曲霉毒素 G_1 和黄曲霉毒素 G_2。L 型和 S 型黄曲霉菌在世界各地均有分布。

黄曲霉毒素可污染大部分种类的食品，特别容易污染花生、玉米、稻米、大豆、小麦等粮食作物，其中花生最易受到污染，也是黄曲霉菌产生黄曲霉毒素的最适基质。在我国，花生和玉米是黄曲霉毒素污染的最主要粮食作物，在多省份粮食作物及产品中均多次检出，是最需要关注的易污染食品。

黄曲霉毒素既有很强的急性毒性，又有慢性毒性，同时具有强致癌性。一次或少数几次摄入大量黄曲霉毒素可导致急性中毒或出现急性肝炎和胆管增生，临床表现为黄疸，并伴有呕吐、厌食和发热等症状。世界各地多次发生黄曲霉毒素导致多人死亡的急性中毒事件。如果长期少量暴露于黄曲霉毒素，可造成慢性中毒，阻碍生长发育，引起纤维性病变，致使纤维组织增生等。同时，黄曲霉毒素 AFB_1 是世界公认的最强致癌物质之一，对人和动物的肝具有强致癌性，并能诱发肝、肾、肺、泪腺、乳腺、卵巢、小肠和结肠的瘤变，甚至出现畸胎，其中最易诱发肝癌的发生。1993 年，国际癌症研究机构（International Agency for Research on Cancer，IARC）已将黄曲霉毒素列为 1 类致癌物。鉴于黄曲霉毒素的严重危害，我国对黄曲霉毒素在食品中的限值进行了严格限定，并制定了国家标准 GB 2761—2017《食品安全国家标准 食品中真菌毒素限量》。

（2）脱氧雪腐镰刀菌烯醇（呕吐毒素）

脱氧雪腐镰刀菌烯醇（DON）最早于 1972 年日本香川县赤霉病中毒的大麦病株中发现。主要由禾谷镰刀菌（Fusarium graminearum）和色镰刀菌（F culmorum）产生。DON 在赤霉病感染过程中可以提高镰刀菌的毒性。病原菌的侵染降低作物产量，并严重降低谷物品质。

DON 对热较稳定，一般的烹调及加热不能破坏其毒性，但其对碱性环境比较敏感，如用碳酸钠溶液洗涤粮食，可除掉 70% 左右的 DON，如果延长作用时间则几乎可以全部去除。能够引起人类和动物多种急慢性疾病。该毒素可与脑干后区呕吐中枢的 5- 羟色胺受体及多巴胺受体相互作用而产生催吐作用，因此也被称为呕吐毒素。DON 的主要毒性分为以下几种。

①急性毒性。DON 的毒性远低于其他单端孢霉烯族毒素，但高剂量的 DON 也会导致动物休克甚至死亡，存在对动物的毒性有性别和物种差异。急性 DON 中毒的主要症状主要是呕吐、腹痛、腹泻、唾液分泌增加和食欲减退。人误食 DON 后的发病潜伏期通常很短（10～30 min），主要表现为眩晕、头痛、恶心、呕吐、颜面潮红、手足发麻、全身乏力，严重者呼吸、体温、脉搏及血压会出现波动、四肢发软、步态不稳、形似醉酒，因此有些地方称为"醉谷病"，一般在 2 h 后可自行恢复。老人、幼童或者大剂量的中毒患者症状偏重，呼吸、体温、脉搏及血压会略微升高，但尚未有死亡报道。

②慢性毒性。动物长期食用被 DON 污染的食物可出现体重下降等症状，其免疫系统也会受到影响。

③细胞毒性。DON 对原核细胞和真核细胞都有明显的毒性。

④免疫毒性。DON 对多种免疫细胞具有严重的毒性作用，可以明显抑制动物的免疫机能。高浓度 DON 可分别剂量依赖性地抑制体外培养的人体淋巴细胞的增殖和免疫球蛋白的产生。

⑤基因毒性。当前国内外大多数研究结果表明 DON 具有胚胎毒性和致畸性。

⑥致癌性。目前没有关于 DON 具有致癌作用的明确报道，因而其是否具有致癌性还有待深入研究。1993 年，国际癌症研究机构（IARC）认为，"目前还没

有充分的动物实验证据证明 DON 具有致癌性",即"对人类致癌性的证据不充分",并将 DON 归为第三类致癌物。

⑦与其他毒素协同作用。DON 的毒性与其他毒素具有协同作用或叠加效应。

（3）伏马菌素

伏马菌素是主要由串珠镰刀菌（*Fusarium verticllioides*）分泌的一类真菌毒素，是一类由不同多羟醇和丙三羧酸组成的结构类似的双酯化合物。伏马菌素纯品为白色针状结晶，易溶于水，在多数粮食加工处理过程中比较稳定。在世界各地，伏马菌素普遍污染玉米、水稻、小麦等多种作物，对玉米及其制品的污染最为突出。

伏马菌素对动物和人体有各种毒性作用，但是到目前为止对伏马菌素的中毒机制尚不清楚。伏马菌素对神经系统具有显著毒性作用，主要表现为对脑白质不同程度的损害并抑制神经鞘脂类合成。伏马菌素可以造成动物免疫系统损害，引起免疫系统功能下降和免疫抑制，从而影响疫苗的免疫效果，使免疫后抗体水平各异或不高。

植物的内源毒素结构繁多，种类复杂，绝大部分是植物的次生代谢产物，在特定条件下可以危害动物和人类健康，导致中毒甚至死亡。植物的外源毒素对植物的危害是多方面的且严重的。为了减少这种危害的发生和扩散，必须采取有效的防治措施来保护植物的健康和生长。可以通过选择抗病品种、加强田间管理、及时清除田间杂草和病株残体、合理施肥和灌溉、合理使用杀菌剂、采收后处理、合理调控植物生长等方式减少植物内源毒素的产生。

（三）产地环境污染物

1. 定义

环境污染物是指进入环境后，能够导致环境的正常组成和性质发生直接或间接有害于人类、生物或其他自然系统变化的物质。这类污染物可能来源于自然界，但更多的是由人类活动产生。产地环境污染物一般认为是包括水污染物、土壤污染物、大气污染物在内的污染物的总称。

2. 现状

随着工业化进程的加速和城市化水平的提高，环境污染问题日益严峻，对农业生产及农作物生长构成了严重威胁。环境污染物通过多种途径进入农田生态系统，直接影响农作物的生长发育、产量及品质，进而威胁到食品安全和人类健康。环境污染物对农作物的危害是多方面的，涉及大气污染、水体污染、土壤污染及质量安全风险等多个环节。

3. 来源

在产前、产中环节，环境污染物的产前来源主要来自水、土壤和空气。例如重金属可能来自土壤和灌溉用水，硫化物则来自空气等。这样的环境污染物都会影响农作物生产的长势和品质，严重时还有可能造成畸形和植株死亡等问题。

在产后环节，环境污染物对于产后农作物的影响主要来源于贮存环境中是否有污染物。例如，将采收的农作物存放在农药化肥堆放地点附近，则有可能受到农药化肥等的污染；或者在贮存过程中违规使用保鲜剂等，也会对农作物的质量安全造成影响。

4. 分类

根据环境污染物的来源可以将其分为：空气污染物、水污染物、生物垃圾、光污染、化学污染等。其中对农产品生产质量安全影响最为严重的是水污染物中的病原体、有机和无机化学品、磷、重金属和其他典型污染物。它们会随着植物生长，伴随植物呼吸和水吸收等生理机制进入作物内，造成作物生长缓慢、畸形和污染物富集，从而严重影响农产品的质量安全。

（1）空气污染物

大气污染物有很多种，如二氧化硫、氯化剂、氟化物、汽车尾气、粉尘等。长时间生活在污染空气中的动植物会导致生长发育不良，或者引起疾病甚至死亡，这就对农产品的安全性产生了影响。又如，氟不但会使污染区域的粮食、蔬菜的食用安全性受到影响，而且氟化物还通过牧草进入食物链，从而使农产品受到间接影响。主要空气污染物介绍如下。

①二氧化碳（CO_2），主要来自煤、石油和天然气的燃烧，尤其是发电厂和交通工具如汽车。

②氯氟烃（CFCS），来自使用氟利昂的空调和制冷设备、喷雾剂等。

③一氧化碳（CO），主要来自汽车尾气、烧煤和露天烧垃圾等。

④氮氧化物（NO_x），主要来自汽车尾气和燃煤发电厂。

⑤二氧化硫（SO_2），主要来自燃煤发电厂和民用烧煤等。

⑥铅粒，主要来自使用含铅汽油的汽车尾气。

⑦臭氧（O_3），由汽车释放出的氮氧化物在太阳光照射下与氧气反应生成。

⑧碳氢化合物，主要来自汽车尾气、油箱泄漏和汽油挥发。

（2）水污染物

工农业污水和生活污水中的许多污染物会随着污水排入河流、湖泊、海洋和地下水等水体，使水和水体底泥的理化性质及生物群落发生了改变，导致水体污染。水体污染会直接或间接地阻碍农作物的生长发育，使农作物减产，同时也会威胁到农产品的质量安全。水污染物主要有以下几种。

①病原体（病菌和病毒），来自粪便、宰杀动物污水等。

②死亡有机体，来自生活污水和生活垃圾等。

③有机和无机化学品，来自农业投入品、生活用化学清洁剂等。

④磷，来自含磷洗衣粉和洗涤剂等。

⑤重金属，来自装修废弃物、电池、油漆、电子产品等。

（3）土壤污染物

对农业生产来说，土壤污染中影响比较突出的是重金属污染和有机物污染。

①重金属污染。有害重金属元素一般指镉、铅、汞、砷、铬等。主要来自土壤、工业"三废"及农业投入品等。对农业的危害主要表现为，一是影响作物的生长发育，降低农产品的质量，甚至造成作物死亡；二是通过产地环境富集在农产品内，再经食物链进入人体中，对人体健康造成直接或潜在危害；三是重金属物质还会引起土壤物理性质的下降，造成土壤板结，堵塞土壤气孔，使土壤通气性变差，给作物根系生长带来负面影响。

②有机物污染。包括农药、石油及其产品、固体废弃物及其渗滤液等。生态系统是流动的，大气或水体中的污染物通过迁移和转化而对土壤造成污染，有机和无机化学品、重金属等污染物会进入土壤，并逐渐累积，成为农产品质量安全的潜在威胁。土壤污染中，农用塑料、农膜、有机染料和多氯联苯（PCBs）等的污染十分严重。

（4）其他污染物

①生活垃圾，塑料包装、快餐盒、餐具等进入土壤深层后分解对种植土壤环境造成污染。

②光污染，不适宜的可见光、激光、红外光、紫外光等对植物生长造成不良影响的污染。

③化学品污染，添加剂、农药、化肥等化学品进入土壤后造成种植土壤环境酸碱度失衡等问题，从而造成污染。

④农膜污染，残留在土壤中不能被自然界降解的农用膜类污染。

（5）典型污染物

①多环芳烃类化合物（Polycyclic aromatic hydro-carbons，PAHs），是指2个或2个以上芳环稠合在一起的具有致癌、致畸、致突变特性的持久性有机污染

物，主要产生于有机物的不完全燃烧或热解，由于其结构较为稳定而不易被利用，因此，广泛存在并累积于环境中，成为大气、土壤、沉积物和水体等各种环境介质中长期存在的污染物。

②多氯联苯（Polychlorinated biphenyls，PCBs），是苯环上与碳原子相连接的氢被氯不同程度地取代而形成的化合物，是人工合成化合物，因其有良好的导热性、绝缘性和惰性而被广泛用于化工、塑料、电力、油漆和印刷等领域。其具有环境持久性、低水溶性、抗生物降解性和生物毒性，可在环境中长距离迁移和长期残留，威胁人体健康和生态系统安全，已成为人们关注的全球性污染物。

③多氯代二苯并-p-二噁英（PCDDs）、多氯代二苯并呋喃（PCDFs），通常统称为二噁英类（dioxins）。它是工业生产活动，如含氯废弃物的焚烧和含氯化工产品生产过程中的副产物。二噁英化学性质稳定，难以生物降解，而且具有内分泌干扰性，因此许多国家对于不同环境介质中的二噁英展开了大规模的研究。

5. 危害

环境污染物通过农作物进入食物链，最终对人类健康构成威胁。污染的农产品可能含有超标的重金属、农药残留、有害微生物等，长期摄入这些污染物会增加患癌风险、影响生殖健康、损害神经系统等。因此，保障农产品安全，减少环境污染物对农作物的危害，是维护公共健康的重要任务。以下将从大气污染、水体污染、重金属污染、化学物污染、土壤污染等6个方面，阐述环境污染物对农作物的具体危害。

（1）大气污染影响

大气污染是农作物生长环境中的重要污染源之一，其中二氧化硫（SO_2）、氮氧化物（NO_x）、颗粒物（PM）及臭氧（O_3）等是主要污染物。这些污染物对农作物的危害主要体现在以下几个方面：NO_x等破坏光合作用。氮氧化物（NO_x）在光照条件下可与大气中的挥发性有机化合物反应生成臭氧（O_3），而臭氧是一种强氧化剂，能破坏植物叶片的细胞膜结构，影响叶绿素的合成与功能，从而显著降低植物的光合作用效率。光合作用是植物利用光能将二氧化碳和水转换成有机物和氧气的过程，是植物生长的基础，其受损将直接导致农作物生长缓慢、产量下降。二氧化硫（SO_2）损伤叶绿体，降低叶绿素合成，削弱光合作用，影响作物生长，减少产量。颗粒物（PM）在叶表面沉积，阻碍光合作用和气体交换，降低光合效率。

（2）水体污染影响

水体污染主要通过灌溉水源进入农田，对农作物造成直接和间接的危害。水体中的污染物包括重金属（如铅、镉、汞）、农药残留、化肥过量残留及有机污染物等。

（3）重金属污染影响

重金属难以被生物降解，且易在农作物体内积累，通过食物链进入人体后可能引发多种疾病。例如，镉污染会导致"镉米"问题，长期食用镉超标的大米会增加肾脏疾病的风险。

重金属污染会导致作物根系受损。重金属和其他有毒物质在土壤中的积累会直接毒害农作物根系，抑制根系生长，降低根系对水分和养分的吸收能力，从而影响农作物的整体生长状况。

（4）化学物污染影响

化学投入品过量使用不仅污染水体，还通过灌溉进入土壤，被农作物吸收后残留于农产品中，影响农产品质量安全和食品安全。这些残留物可能对人体健康造成潜在威胁，如引起内分泌失调、神经系统损害等。

（5）土壤污染影响

土壤是农作物生长的基础，土壤污染直接影响农作物的根系发育和养分吸收。土壤污染主要来源于工业排放、农业活动（如农药化肥过量使用）、生活垃圾及污水灌溉等。

土壤污染会造成作物养分失衡。土壤污染导致土壤理化性质改变，如pH值失衡、有机质减少、重金属富集等，进而影响土壤中的养分循环和养分有效性。养分失衡会限制农作物的正常生长，降低产量和品质。

土壤污染中的地膜污染对农产品质量安全影响很大，由于地膜是一种聚乙烯加抗氧化剂制成的高分子碳氢化合物，具有分子质量大、性能稳定、自然条件下可长期在土壤中残留等特点，残留地膜对农业生产及环境健康都具有极大的副作用，会阻隔土壤毛细管水和自然水的渗透，影响土壤的吸湿性从而影响农田土壤水分运动产生阻碍。同时在一定程度上破坏农田土壤空气的循环和交换，更进一步影响土壤微生物的正常活动，降低土壤肥力水平，还可能导致地下水难以下渗，造成土壤次生盐碱化等。残留地膜对农作物会有一定毒害作用，农用地膜属聚烯烃类化合物，在生产过程中需添加邻苯甲酸-2-异丁酯等作为增塑剂，邻苯甲酸-2-异丁酯等具有挥发性，可挥发到空气中，通过植物的呼吸作用由气孔进入叶肉细胞，破坏叶绿素并抑制其形成，危害植物生长。残留地膜的聚集还会阻碍土壤毛细管水的运移和降水的渗透，对土壤体积、土壤孔隙度、土壤的通气性和透水性都产生不良影响，造成土壤板结，地力下降。残膜破坏了土壤的理化性状，必然造成作物根系生长发育困难，影响作物正常吸收水分和养分，从而影响作物生长和产量。

（6）典型污染物的影响

植物能够从环境中累积PAHs，导致农作物遭受PAHs的污染，PAHs作为最早发现且数最多的一类化学致癌物，一旦进入包含粮食、蔬菜、水果等与人类生活饮食密切相关的农作物后便通过食物链累积于生物体内，最终造成毒害。目前，已有不少学者对部分种类农作物中PAHs进行研究，其中尤以蔬菜、水果及一些功能区周边种植的农作物居多。

增塑剂中PCBs挥发、废弃物焚烧时PCBs蒸发、含PCBs的工业液体渗漏是环境中PCBs 3个主要来源。农田土壤中PCBs来源主要是大气沉降、生物固体污染物排放、油的泄漏和蒸发以及灌溉水源等。由于PCBs容易被土壤有机质吸附，而且很难降解，从而容易造成土壤PCBs污染，土壤中的PCBs又可以通过食物链累积在生物体内，最终威胁人体健康。

持久性有机物（POPs）例如二噁英，从污染源被直接排放到大气中，在大气的传输作用下成为大气中的普遍污染物，然后通过干湿沉降直接降到土壤等其他环境介质中，因此土壤有可能成为二噁英最大的积聚地。被污染的土壤通过食物链可能影响人类的身体健康，据估计大约98%的二噁英是通过食物进入人体内。现在比较关注污染源周围土壤中的二噁英浓度，对于其他类型的土壤则关注度较小。与人们密切相关的农田土壤中的二噁英主要来源于有机氯农药（OCPs）、除草剂、大气沉降以及其他污染源。

综上所述，环境污染物对农作物的危害是多方面的，涉及大气污染、水体污染、土壤污染及质量安全风险等多个环节。为减轻这些危害，需要政府、企业和公众共同努力，加强环境监管，推广绿色农业技术，减少污染物排放，确保农产品安全，保障人类健康。

环境污染物主要来自农产品的生产环境，因此，想要避免环境污染物带来的影响农产品品质的风险，一是选择自然环境好、污染物少的地块从事生产，从根源上减少农产品和环境污染物的接触；二是可以选择采用人工温室、植物工厂等种植方式，有效隔离农作物与环境污染物。从而减少环境污染物带来的影响；三是科学合理施用农药，减少环境中污染物的累积；四是加大环境治理力度，通过国家节能减排、区域联防联控机制和重金属污染治理等手段，减少环境污染物；

五是要加强地膜生产企业及市场监管，提高地膜质量，同时倡导节约型地膜使用技术，提高回收率。

（四）其他重要污染物

除上述污染物之外，化学污染物质还包括硝酸盐、亚硝酸盐等物质，也会影响蔬菜产品的质量安全。

1. 硝酸盐、亚硝酸盐定义

硝酸盐是一类由硝酸（HNO_3）与金属（或铵根离子）反应形成的盐类，其化学性质、用途及环境影响等多方面都具有显著特点。硝酸盐由金属离子（或铵离子）和硝酸根离子（NO_3^-）组成，是离子型化合物。部分金属的硝酸盐会分解为金属的氧化物、氧和二氧化氮。在高温或酸性水溶液中，硝酸盐几乎全部易溶于水，只有少数如碱式硝酸铋难溶于水。常温下硝酸盐较稳定，但在高温下固态硝酸盐会分解产生氧气（O_2），显示出其氧化性。在酸性溶液中，硝酸盐是强氧化剂，但在碱性或中性水溶液中氧化性较弱。

亚硝酸盐是含有亚硝酸根（NO_2^-）的盐。植物中的亚硝酸盐主要来源于植物在生长过程中对氮肥的吸收和利用。亚硝酸盐易溶于水，多呈白色晶体，密度大于水，硬度较大且易碎。在空气中易潮解，并能与有机物接触时发生燃烧和爆炸，燃烧时放出有毒的氧化氮气体。此外，亚硝酸盐在320℃时会分解生成氧、氮、氧化氮和氧化钠等物质。亚硝酸盐易溶于水，多呈白色晶体，密度大于水，硬度较大且易碎。在空气中易潮解，并能与有机物接触时发生燃烧和爆炸，燃烧时放出有毒的氧化氮气体。

2. 硝酸盐、亚硝酸盐现状

硝酸盐是植物吸收氮肥的主要形式，氮元素不仅是氨基酸与蛋白质的主要成分，还可以合成叶绿素，促进光合作用。因此，硝酸钠和硝酸钙等硝酸盐被广泛用作农业肥料。

硝酸盐是植物吸收的主要含氮物质之一，对于植物的生长和发育至关重要。它不仅是蛋白质、核酸等生物大分子的基本组成元素，还参与植物体内多种代谢过程。植物吸收硝酸盐后，需要经过代谢还原才能被利用。这一过程包括在硝酸还原酶作用下，由硝酸盐还原为亚硝酸盐，再在亚硝酸还原酶作用下，将亚硝酸盐还原为氨。还原产生的氨或植物从土壤中直接吸收的氨，主要通过氨基化作用、转氨基作用等合成氨基酸，这些氨基酸是蛋白质的基本组成单位。植物因吸收了含氮肥料而增加的硝酸盐，主要集中在植物的幼嫩组织，如叶、茎等营养器官。这些部位是植物进行光合作用和呼吸作用的主要场所，也是硝酸盐还原和氨基酸合成的主要部位。不同植物以及同一植物的不同部位，硝酸盐含量存在显著差异。例如，菠菜、芹菜、白菜、萝卜等蔬菜的硝酸盐含量通常较高，而菜花、黄瓜、茄子等蔬菜的硝酸盐含量则相对较低。这种差异主要受植物种类、生长环境、栽培管理等因素的影响。植物来源的硝酸盐在人体内可以转化为一氧化氮，这是一种具有多种生理功能的信号分子。它可以扩展血管、改善血液循环，从而提高人体的运动能力和健康水平。此外，研究还发现植物来源的硝酸盐与较低的死亡风险有关，可能在预防心血管疾病、痴呆症和糖尿病等方面发挥积极作用。

亚硝酸盐在食品加工中常作为防腐剂使用，能够有效抑制细菌生长，延长食品的保质期；在药物中，亚硝酸盐主要作为抗微生物药使用，可用于治疗敏感菌引起的感染；亚硝酸盐还能改善食品的色泽和风味，使肉制品等食品看起来更加诱人。

3. 硝酸盐、亚硝酸盐来源

硝酸盐（NO_3^-）与亚硝酸盐（NO_2^-）广泛存在于自然界中，特别是在气态水、地表水和地下水中，以及动植物体和食品内。主要来源包括以下 5 方面。

①人工化肥。如硝酸铵、硝酸钙、硝酸钾等的使用。

②生活污水和垃圾。生活污水、生活垃圾与人畜粪便在自然降解过程中会产生硝酸盐。

③环境吸收。食品、燃料、炼油等工厂排出的含氨废弃物，经过生物、化学转换后形成硝酸盐进入环境；汽车、火车、轮船、飞机等燃烧石油类燃料、煤炭、天然气时产生的氮氧化物，经降水淋溶后形成硝酸盐降落到地面和水体中。

④氮肥吸收。氮是自然界中广泛存在的元素，也是植物生长所必需的营养元素之一。植物通过根系吸收土壤中的氮元素，这些氮元素在植物体内经过复杂的生化反应，最终合成为氨基酸等有机物质。

⑤硝酸盐与亚硝酸盐转化。植物体内存在一些还原酶，能够将一部分硝酸盐还原成亚硝酸盐。因此，所有的植物中都含有硝酸盐和亚硝酸盐。

此外，根据种植方式和蔬菜种类等的不同，硝酸盐和亚硝酸盐的含量也会有所差异，具体如下。

①蔬菜种类。不同的蔬菜种类中，硝酸盐和亚硝酸盐的含量存在差异。一般来说，绿叶蔬菜中的硝酸盐含量较高，因此在这些蔬菜中也可能含有较多的亚硝酸盐。

②种植方式。种植方式也会影响植物中亚硝酸盐的含量。例如，过量使用氮

肥的蔬菜可能含有更多的硝酸盐和亚硝酸盐。

③收获时期。蔬菜收获时期也会影响其亚硝酸盐的含量。一般来说，随着蔬菜的生长和成熟，其体内的硝酸盐含量会逐渐降低，但亚硝酸盐的含量可能会受到环境条件和储存方式等因素的影响而发生变化。

总结上述信息科得出，亚硝酸盐在产前时期的主要来源是土壤和空气中存在的氮元素，通过植物的生化反应在体内合成了硝酸盐和亚硝酸盐等物质；在产中时期，则是通过植物的生化反应形成了硝酸盐，又通过植物体内还原酶的作用，将一部分硝酸盐转化为亚硝酸盐；在产后时期，亚硝酸盐的含量则受到贮存条件等的影响。

4. 硝酸盐、亚硝酸盐分类

常见的硝酸盐包括硝酸钠（$NaNO_3$）、硝酸钾（KNO_3）、硝酸铵（NH_4NO_3）、硝酸钙[$Ca(NO_3)_2$]、硝酸铅[$Pb(NO_3)_2$]、硝酸铈[$Ce(NO_3)_3$]等。

常见的亚硝酸盐有亚硝酸钠和亚硝酸钾。

5. 硝酸盐、亚硝酸盐危害

植物来源的硝酸盐对人体健康具有积极作用，但硝酸盐在人体内可被还原为亚硝酸盐，亚硝酸盐与人体血液作用，形成高铁血红蛋白，使血液失去携氧功能，从而导致缺氧中毒，带来潜在风险。

中毒风险：亚硝酸盐具有一定的急性毒性，对啮齿动物的半致死量为57 mg/kg。此外，亚硝酸盐还可能增加癌症风险，因为它在人体内可以与胺类物质结合生成亚硝胺等致癌物质。摄入过量的亚硝酸盐可能导致中毒，表现为头痛、头晕、乏力、胸闷、气短、心悸、恶心、呕吐、腹痛、腹泻等症状。严重时还可能导致全身皮肤及黏膜呈现不同程度青紫色（称为"紫绀"），甚至危及生命。

致癌风险：虽然亚硝酸盐本身并不直接致癌，但它在人体内可以与胺类物质结合生成亚硝胺等致癌物质。长期摄入含有亚硝酸盐的食物可增加患癌症的风险。

由于蔬菜等植物性食品是人们日常饮食中的重要组成部分，因此其中亚硝酸盐的含量直接关系到人们的健康和安全。为了降低亚硝酸盐的摄入风险，人们需要注意蔬菜的选购、储存和烹饪方式等。还可以通过以下措施降低植物中亚硝酸盐含量。

①合理施肥。在种植过程中合理使用氮肥，避免过量施肥以减少植物体内硝酸盐的积累，从而减少转化亚硝酸盐的风险。

②及时收割。在蔬菜生长成熟后及时收割以减少硝酸盐向亚硝酸盐的转化。

③正确储存。蔬菜在储存过程中应保持适当的温度和湿度条件以避免细菌滋生和硝酸盐转化为亚硝酸盐。同时，尽量缩短储存时间以减少亚硝酸盐的积累。

④烹饪处理。通过烹饪处理可以破坏植物组织中的还原酶并杀死细菌从而减少亚硝酸盐的生成。例如焯水就是一种有效的去除蔬菜中亚硝酸盐的方法。有研究显示，热烫香椿时 30 s 就可以去除 80% 左右的亚硝酸盐而 45 s 则可以去除 83.86% 的亚硝酸盐。此外烹饪过程中加入适量的醋等酸性物质也有助于降低亚硝酸盐的含量。

二 生物性污染来源及危害

农产品生长在不可控的土壤、水域等环境中，在采摘（收获）、包装、运输、贮存和销售等环节频繁接触人群、空气、水等外界环境，易受致病微生物污染和侵染。农产品中导致人类致病的病原菌主要有大肠杆菌、李斯特氏菌、沙门氏菌、耶尔森氏菌等；导致农产品腐烂变质的微生物主要是真菌、细菌、病毒，其中真菌主要是灰霉、青霉、曲霉、交链孢霉等；细菌主要有欧文氏菌、假单胞菌、黄单胞菌等；病毒主要有烟草花叶病毒等。在个别农产品中还会有寄生虫存在。

（一）细菌

1. 定义

细菌（Bacteria）是指生物的主要类群之一，也是所有生物中数量最多的一类，据估计，其总数约有 5×10^{30} 种。细菌的形状相当多样，主要有球状、杆状，以及螺旋状。

植物细菌病害是由病原细菌引起的植物病害，这些病原细菌主要有假单胞杆菌属（Pseudomonas）、黄单胞杆菌属（Xanthomonas）、欧氏杆菌属（Erwinia）、野杆菌属（Arobacterium）和棒杆菌属（Corynebacterium）等。

2. 现状

大多数病原细菌为杆状，具有一根至数根鞭毛，可通过气孔和伤口侵入植物体内。其寄生性程度差异很大，有些种类有不同的致病变种。病原细菌可在种子或其他繁殖材料、病残体、土壤、粪肥、杂草寄主或昆虫体内越冬或越夏，成为下一个生长季的初侵染源。多数细菌病害都能发生再侵染。一般高温、多雨、潮湿天气有利于细菌病害的发生。细菌通过寄主的伤口或气孔、水孔、皮孔等自然孔侵入；田间主要通过雨水、灌溉流水、介体昆虫或农事操作等传播。

从历史统计资料来看，细菌性污染是涉及面最广、影响最大、问题最多的一种污染，而且未来这种现象还将继续下去。大部分的农产品质量安全问题是由于生物性因素引起的。生物性污染最主要的是致病性细菌问题。以往一些常见的细菌性食物中毒尚未得到理想的控制而导致中毒事件频繁发生，如沙门氏菌、金黄色葡萄球菌、肉毒杆菌等，而新的细菌性食物中毒又不断出现，如大肠杆菌0157、李斯特氏菌等。因此，控制细菌性污染仍然是解决农产品质量安全问题的主要内容。

3. 来源

（1）产前、产中来源

在产前和产中环节，细菌多来自环境。在农田中，农业灌溉水源、土壤、灰尘、动物和蔬菜耕种人员都是各种霉菌、酵母菌、致病细菌及病毒的载体。土壤作为一种自然资源，尤其在耕种中，由于动物排泄物对土壤的滋养，致使致病菌寄宿于其中。不清洁的农业灌溉用水也是导致细菌等微生物污染的主要原因。因此，蔬菜的种植环境包括土壤、灌溉水源、肥料（动物排泄物）、温度等是影响蔬菜微生物风险的主要因素。不同的蔬菜中存在有各种致病性微生物，如沙门氏菌、李斯特菌和大肠杆菌等。这些致病菌对蔬菜的污染发生在从农田到餐桌的每一步，完成了从动物到蔬菜再到人群的交叉感染。因此，蔬菜的微生物污染风险贯穿了供应链的每一个环节。因此，蔬菜的种植环境包括土壤、灌溉水源、肥料（动物排泄物）、温度等是影响蔬菜中微生物风险的主要因素。

（2）产后来源

在产后环节中，细菌、真菌、寄生虫主要来源于环境中空气、采收及储存工具等。

4. 分类

常见的细菌类致病菌来自以下5个属。

①欧文氏菌属，寄生于植物并引起腐败病，如胡萝卜软腐果胶杆菌，能产生果胶分解酶，导致植物组织腐烂发臭。

②假单胞菌属，如丁香假单胞菌，主要危害叶片，但也可危害茎秆、叶柄等组织，引起番茄细菌性斑点病、黄瓜细菌性角斑病等。

③黄单胞菌属，如野油菜黄单胞菌，主要危害十字花科作物，引起黑腐病。

④劳尔氏菌属，如青枯雷尔氏菌，是茄果类蔬菜的毁灭性病害，通过根部侵

入植物木质部导管，导致植物枯萎和死亡。

⑤棒状杆菌属，如密执安棒状杆菌，主要通过种子带菌实现远距离传播，引起番茄溃疡病等。

细菌类致病菌的传播途径多样，包括雨水、介体（如昆虫、线虫等）以及从伤口侵入等。以下以2种在农产品质量安全管理中较为有代表性的细菌为例，详细讲述。

①沙门氏菌。沙门氏菌是一种常见的食源性致病菌，广泛分布于自然界，常常寄居在人和动物体内，特别是家禽、家畜及宠物的肠道中。主要污染的食品有肉和肉制品、蛋和蛋制品、奶和奶制品等。但是有研究表明，沙门氏菌也会随灌溉水、土壤和空气等传播到蔬菜产品上，在蔬菜上也存在检出情况。因此，即食鲜切菜要严防沙门氏菌感染，在生食蔬菜，例如蔬菜沙拉中也要严防沙门氏菌感染。由于沙门氏菌不分解蛋白质，食物被其污染后表面看起来似乎并没有变化。沙门氏菌属有的专对人类致病，有的只对动物致病，也有对人和动物都致病。食品在加工、运输、出售过程中都有可能被沙门氏菌污染。沙门氏菌在粪便、土壤、食品、水中可生存5个月至2年之久。沙门氏菌最适繁殖温度为37℃，在20℃以上即能大量繁殖，因此，低温储存食品是一项重要预防措施。

②李斯特氏菌。李斯特菌（Listeria monocytogenes），又名单核球增多性李斯特菌，简称单增李斯特菌、李氏菌，是一种兼性厌氧细菌，为李斯特菌病的病原体，属厚壁菌门，取名自约瑟夫·李斯特。它主要以食物为传染媒介，是最致命的食源性病原体之一，革兰氏阳性小杆菌，广泛存在于自然界中，在土壤、粪便、青贮饲料和干草内能长期存活，不易被冻融，能耐受较高的渗透压，该菌在地表水、污水、废水、植物、烂菜中均有存在。李斯特菌在环境中无处不在，在绝大多数食品中都能找到李斯特菌。肉类、蛋类、禽类、海产品、乳制品、蔬菜等都已被证实是李斯特菌的感染源。人主要通过食入未充分加热的肉食和蔬菜而感染。李斯特菌严重时可引起血液和脑组织感染，造成二至三成的感染者死亡，其致死率甚至高过沙门氏菌及肉毒杆菌，很多国家都已经采取措施来控制食品中的李斯特菌，并制定了相应的标准。

5.危害

在产中和产后环节，被细菌感染的农作物会出现以下不利情况。

①腐烂。由于细菌分泌的果胶酶的分解作用，使受害植物的根、茎、块根、块茎、果实、穗等肥厚多汁器官的细胞解离、组织崩溃，如白菜软腐病。

②坏死。主要发生在叶片和茎秆上，出现各种不同的斑点或枯焦，如棉花角

斑病、水稻白叶枯病等。

③枯败。细菌侵入植物的维管束，破坏输导组织，致使植物茎、叶枯萎，如青枯病。

④畸形。细菌侵入植物，使植物的根、根茎、侧根以及枝干上造成畸形，呈瘤肿状，如桃树根瘤病。

⑤黄化矮缩。在木质部寄生的细菌使植株表现黄化、萎缩，如葡萄皮尔氏病、杏叶焦病等。

以上问题可以通过植物检疫，筛选无菌种子、苗木等，选育抗病品种，利用化学和生物防治等手段，消杀土壤和水中的致病细菌。通过采收环节控制卫生、及时用清水洗净采收器械，安全贮藏、分类存放等方式，防止病原细菌随种子、苗木等传播，减少产前环境中细菌对农作物造成影响的可能。

（二）真菌

1. 定义

蔬菜及其制品易受真菌毒素等污染，部分毒素毒性强，对人类健康造成严重威胁。真菌毒素种类较多，其中曲霉菌、青霉菌、镰刀菌和链格孢菌属真菌毒素在茄果类、豆类、叶菜类和根茎类等蔬菜中较常见。

2. 现状

蔬菜是人类重要的饮食和营养来源，其在种植、储运等环节中易受真菌等生物和农药等化学污染。真菌类致病菌是植物病害中最为重要的一类病原物，其种类繁多，分布广泛。真菌类致病菌主要通过菌丝侵入植物体内，破坏植物组织并吸取养分。

3. 来源

真菌来源与细菌相同，多源于环境当中，也可参考细菌来源。真菌毒素的产生与污染状况和真菌、宿主以及环境因素等密切相关。蔬菜富含水分，产毒真菌不仅能在收获前通过伤口或表面的天然小孔成功进入蔬菜内部，也能在采摘后通过损伤部位或与损伤蔬菜接触进入内部从而生长和定植，并在适宜的温、湿度等环境条件下产生真菌毒素。曲霉属是常见的食物腐败真菌，易生长在6~55℃的低湿度环境中，常污染蔬菜根茎等组织。

4. 分类

常见的真菌类致病菌有以下4类。

①霜霉菌。引起霜霉病，如葡萄霜霉病、黄瓜霜霉病等。

②锈菌。引起锈病，如豆类锈病、小麦锈病等。

③白粉菌。引起白粉病，如丝瓜白粉病等。

④黑粉菌。引起黑粉病，如玉米黑粉病等。

真菌类致病菌的传播途径主要包括空气传播（如孢子随气流传播）、介体传播（如昆虫、风雨等）以及土壤传播等。以下以在农产品质量安全管理中较为有代表性的真菌为例，详细讲述。

（1）曲霉属

曲霉是发酵工业和食品加工业的重要菌种，已被利用的有近60种。因为曲霉具有分解蛋白质等复杂有机物的绝招，从古至今，它们在酿造业和食品加工方面大显身手。早在两千多年前，我国人民已懂得依靠曲霉来制酱、酿酒和造醋。我国特有的调制品豆豉，也是曲霉分解黄豆的杰作。现代工业则利用曲霉生产各种酶制剂、有机酸，以及农业上的糖化饲料。

然而，曲霉家族中也有一些对人类有害的种类，有的能产生对人体有害的真菌毒素，黄曲霉毒素B_1产生于黄曲霉菌，为曲霉属中致癌性最强的毒素，该毒素可引起水果、蔬菜、粮食霉腐。病菌主要以菌丝体随病株残余组织遗留在田间越冬，在环境条件适宜时，产生分生孢子，通过气流传播或雨水反溅至寄主植物上，从寄主表皮或从伤口直接侵入，引起初次侵染。经潜育后出现病斑，并在受害部位上产生新生代分生孢子盘和分生孢子，借风雨传播进行多次再侵染。

（2）镰刀菌属

镰刀菌是一类世界性分布的真菌，在分类学上，镰刀菌无性时期属于半知菌亚门，有性时期属于子囊菌亚门。镰刀菌属不全菌纲，丛梗孢目，瘤痤孢科，镰刀菌属，目前已经发现44个种和7个左右变种。有些引起小麦、水稻和蔬菜的病害；有些对工农业有利，如赤霉素就是从念珠镰刀菌产生的；有些引起人和动物的真菌病，如茄镰刀菌可引起角膜溃疡，有时侵犯皮肤和指甲，甚至中毒。目前已发现有140多种真菌毒素产生于镰刀菌。镰刀菌毒素毒性高、种类多、分布广，常见的镰刀菌毒素有脱氧雪腐镰刀菌烯醇和伏马毒素等，可污染辣椒和豆类等蔬菜。

镰刀菌不仅可以在土壤中越冬越夏，普遍存在于土壤及动植物有机体上，甚至存在于严寒的北极和干旱炎热的沙漠，属于兼寄生或腐生生活。镰刀菌可侵染多种植物（粮食作物、经济作物、药用植物及观赏植物），引起植物的根腐、茎腐、茎基腐、花腐和穗腐等多种病害，寄主植物达100余种，侵染寄主植物维管束系统，破坏植物的输导组织维管束，并在生长发育代谢过程中产生毒素危害作物，造成作物萎蔫死亡，影响产量和品质，是生产上防治最艰难的重要病害之一。

5. 危害

真菌毒素为真菌次级代谢产物，在蔬菜生长、储存、运输和加工等环节均可产生，为各类污染的主因之一。目前已报道的400多种真菌毒素中，部分真菌毒素低剂量摄入即可损害人体的肝脏、肾脏和胃肠道，甚至可致癌、致畸和致突变；部分真菌毒素的分子化学性质稳定，即使在高温加工过程中仍不分解。

疫霉菌可引起植物晚疫病，主要影响番茄和马铃薯等作物。这种病害在番茄的整个生育期均可发生，幼苗、叶、茎、果实等部位都可能受到影响。在番茄上，晚疫病的症状包括苗期茎尖染病、成株期叶片出现波纹状淡褐色病斑、叶柄及茎秆变黑、果实上产生云纹状暗褐斑等。环境潮湿时，病斑上还会生出白色霉层，严重时可能导致全棚植株枯死和果实腐烂。在马铃薯上，晚疫病也是一种毁灭性的病害，可侵染马铃薯的茎、叶、块茎，造成严重损失。马铃薯晚疫病的症状包括叶片发病初期出现水浸状褪绿色病斑，随后病斑扩大，严重时布满全叶。茎部发病初期出现褐色条状病斑，病害后期叶片萎垂变黑，全株枯萎死亡。块茎发病初期出现稍凹陷的褐色或铅灰色病斑。

青霉属的不同种能够引起青霉病和绿霉病，这些病害是最普遍的采后病害，侵害所有类型的柑橘、苹果、梨、葡萄、甜瓜、无花果、甘薯及其他果蔬。青霉属真菌在适宜的条件下，如温暖、湿润的环境，能够在蔬菜和水果上迅速生长，导致果实和蔬菜的腐烂。这些病害不仅影响蔬菜和水果的外观，还降低了其经济价值和食用安全性。青霉属真菌引起的病害对蔬菜和水果产业构成了重大威胁，因为它们能够在短时间内导致大量果实和蔬菜腐烂，从而造成严重的经济损失。青霉菌对蔬菜的影响不容忽视，它不仅能引起蔬菜的病害，降低蔬菜的质量和安全性，还可能通过产生的真菌毒素对人和动物的健康造成危害。

镰刀菌是一类世界性分布的真菌，可以在土壤中越冬越夏，可侵染多种植物，引起植物的根腐、茎腐、茎基腐、花腐和穗腐等多种病害，寄主植物达100余种，侵染寄主植物维管束系统，破坏植物的输导组织维管束，并在生长发育代谢过程中产生毒素危害作物，造成作物萎蔫死亡，影响产量和品质，是生产上防治最艰难的重要病害之一。

链格孢属真菌是最大的有毒次生代谢产物的生产者之一，能产生70多种致病毒素，其有毒代谢产物污染农作物的情况相当普遍，在自然情况下常生于多种植物的枯死部分、种子内外，或腐生于多种有机物质上或土壤中，在基质表面形成黑色霉层。侵染多种植物，引起黑斑病等症状。芸薹链格孢：叶上病斑近圆形，直径 2～5 mm，褐色，有轮纹，子实体叶两面生；侵染白菜、大青菜等十字花科蔬菜叶片，引起黑斑病，病斑多时常造成叶片枯死。芸薹生链格孢：叶上病斑近圆形，直径 5～20 mm，灰褐色，无明显同心轮纹，周围有黄色晕圈，子实体叶两面生；侵染甘蓝、油菜，引起黑斑病。瓜链格孢：叶上病斑近圆形，直径 4～10 mm，稍隆起，褐色，具轮纹，子实体叶两面生；侵染黄瓜、甜瓜、南瓜、角瓜等葫芦科植物，引起黑斑病。葱链格孢：叶上病斑长椭圆形，直径 10～50 mm，褐色，具同心轮纹，上生黑色霉层；侵染葱和洋葱等引起黑斑病，是葱上发生的重要病害，常造成叶片枯死。茄链格孢：叶上病斑圆形或近圆形，直径 3～12 mm，黑褐色，具同心轮纹，后期汇合成不规则形大斑，上生子实体；侵染马铃薯、番茄等茄科植物引起早疫病，是马铃薯上常见病害，发病严重地块常全田一片焦枯。

真菌（真菌毒素）防治是一个涉及多个领域的复杂任务，因为真菌可以感染植物、人和动物，引发不同的病害。从不同角度可提出真菌防治的多种策略，例如生物防治，利用天敌或其他微生物来控制真菌的生长和扩散；物理防治，种植前对土壤进行消毒处理，如蒸气消毒、太阳能消毒等；化学防治，选择适当的农药进行防治，如多菌灵、甲基硫菌灵等具有广谱杀菌作用的农药；农业防治，选择抗病性强的作物品种进行种植，加强田间管理，及时清除病株和病残体，减少病原菌的传播源；人和动物防治，避免接触受真菌污染的食物、土壤或水源；生态防治，通过轮作、间作等方式改变作物的生长环境，减少病原菌的积累。其中，生物手段最为环保，采用某些非致病性真菌可以用来防治真菌病害，通过竞争、抗生或重寄生等方式抑制病原菌。使用生物农药，如真菌制剂、细菌制剂等，这些产品对环境友好，且不易引起抗药性。

综上所述，对于植物真菌的防治，应注重生物防治和化学防治的结合，以减少病原菌的数量，通过合理密植，保证作物间的通风透光，降低湿度，减少病害发生；对于人和动物的防治，则重在预防和及时治疗；同时还需要加强环境保护和修复工作，从源头上减少真菌的污染。

（三）寄生虫

1. 定义

寄生虫指具有致病性的低等真核生物，可作为病原体，也可作为媒介传播疾病。寄生虫特征为在宿主或寄主体内或附着于体外以获取维持其生存、发育或者繁殖所需的营养或者庇护的一切生物。寄生虫可以改变寄主的行为，以达到自身更好地繁殖生存的目的。

2. 现状

寄生虫一般来说多寄生在动物体内，常见感染多出现在畜禽、养殖水产品中，植物寄生虫较少。目前来说，植物寄生虫以旋毛虫和肝吸虫较为典型，可能感染或寄生在某些蔬菜上，当人体通过食用未经处理的寄生虫感染的蔬菜后，就可能会感染寄生虫，带来健康风险。

3. 来源

植物中的寄生虫种类较少，不同的寄生虫在植物体内的生活方式有所不同，下面针对不同种类的寄生虫的来源分别阐述。相比于动物寄生虫，植物中的寄生虫不多，主要有旋毛虫、肝片形吸虫两种。

①旋毛虫。也称为布氏姜片吸虫，简称姜片虫，是一种常见的寄生虫，主要寄生在荸荠等水生植物上。这些寄生虫的幼虫可以在荸荠的表皮上，也可能通过裂口钻进荸荠里面。除了荸荠，菱角、茭白、莲藕等水生植物也容易附着姜片虫。这些寄生虫的感染有潜伏期，与急性的食物中毒不同，有些感染可能要1~2个月后才发作。盐水浸泡并不能杀死姜片虫，而高温焯水 1 min 左右就能把寄生虫杀死，同时还能保持蔬菜口感和营养价值。

②肝片形吸虫。生长于潮湿环境，水芹菜等水生植物是肝片形吸虫的中间宿主，肝片形吸虫的囊蚴极易附在水芹菜等水生植物表面，一旦食用水芹菜时没有洗净、做熟，肝片形吸虫的囊蚴就可能进入人体。

4. 分类

蔬菜中寄生虫的种类主要包括旋毛虫（姜片吸虫）、肝片形吸虫等。旋毛虫：属于袋形动物门线虫纲。幼虫寄生于肌纤维内，一般形成囊包，囊包呈柠檬状，内含一条略弯曲似螺旋状的幼虫。囊膜由二层结缔组织构成。外层甚薄，具有大量结缔组织；内层透明玻璃样，无细胞。肝片形吸虫是一种属于片形科的大型吸虫，其成虫往往寄生在牛羊和其他哺乳动物的胆管内。然而，它们的中间宿主包括螺类和水生植物，因此肝片形吸虫囊蚴很可能会附着在水生植物表面。如果在食用该植物时没有彻底清洗干净，或者为了卖相没有彻底炒熟就吃，就可能感染肝片形吸虫。

5. 危害

不同寄生虫对寄生植物的生产和品质产生的影响不同，寄生虫对蔬菜的危害主要体现在寄生虫感染的风险上。当人们用牙啃荸荠皮或者生吃荸荠时，旋毛虫幼虫就会进入体内，寄生在小肠并发育为成虫，导致姜片虫病。姜片虫病可能会引起肠道溃疡、腹痛、腹泻、恶心、呕吐、发热、过敏和水肿等症状。如果吃下了很多幼虫，姜片虫会堆在肠道内，引发肠梗阻，严重时甚至可能导致死亡。儿童感染后还可能影响身体和智力发育。因此，为了减少旋毛虫对蔬菜的危害，建议消费者在食用荸荠等水生蔬菜时，应采取高温烹饪的方式，如煮熟或蒸熟，以杀死可能的寄生虫，确保食品安全。肝片形吸虫对人体的危害相对较大，由于食用不干净的水生植物引起片吸虫病。易导致肝脏受损，影响人体肝脏正常代谢，受刺激之后，肝脏组织会发生损伤，引起胆汁淤积，患者时常会感觉到口苦、面色发黄、身体乏力；诱发急性、慢性胆囊炎，导致上腹部有明显的绞痛，部分患者在受炎症刺激时，可能会经常恶心、呕吐，引起一系列胃肠不适，偶尔可以见食欲不振；发生胆管梗阻等症状，主要是由于肝吸虫的数量增多后引起的并发症，处理不及时，肝吸虫卵会一直寄生在局部，大量繁殖，容易导致胆管不通，引起胆管堵塞，患者常会感觉口苦，无法正常排泄，表现为排便异常、排便困难，大便不通，易胀气。

农作物寄生虫，包括昆虫、螨类、线虫等，是农业生产中面临的重要挑战之一。它们通过直接取食植物组织、传播病害或引起间接损失（如影响授粉），对农作物的生长、产量和品质造成严重影响。为了有效控制农作物寄生虫，保护农业生产，综合运用多种防治策略至关重要。可以采用生物防治、物理防治、化学防治、生态防治、农业防治等防治方法。

（四）病毒

1. 定义

病毒类致病菌也是植物病害中不可忽视的一类病原物。病毒类致病菌主要通过介体（如昆虫、线虫等）或机械伤口侵入植物体内，并在植物细胞内增殖，破坏植物的正常生理功能。

2. 现状

病毒在全球范围内分布广泛，农作物被病毒感染后会产生畸形、生长缓慢、死亡等一系列问题，且病毒感染后的植物难以治愈。早在1886年，烟草花叶病毒（TMV）由Mayer首次发现，能侵染多种植物，尤其是烟草、番茄、辣椒等茄科作物。TMV具有极强稳定性，体外保毒期（20℃）可达30 d以上，致死温度90～93℃（10 min）或82℃（24 h）或75℃（40 d）。番茄斑萎病毒（TSWV），由Brittlebank于1915年首次在澳大利亚发现，能侵染多达84科1 000多种植物。

3. 来源

病毒主要通过以下几种方式传播。

①汁液传播，病健叶轻微摩擦造成微伤口，病毒即可侵入。

②种子传播，种子也能传染病毒。

③昆虫传播，烟蓟马、豆蓟马、蓟马等昆虫可进行持久性传毒。蓟马主要在幼虫期获得病毒，并在体内繁殖后传播。如蝗虫、烟青虫等咀嚼式口器的昆虫也可传播 TMV 病毒。

④农事操作传播，在田间管理或农事活动中，通过接触病株再接触健株，病毒可经手、工具等传播。

⑤连作与套种，连作或与茄科作物套种会使毒源增多，发病率和发病程度明显增加。

此外，病毒的传播也会受温度、湿度条件的影响。例如：TMV 发生的适宜温度为 25~27℃，高于 38~40℃侵入受抑制，高于 27℃或低于 10℃病症消失；TSWV 的发生与环境条件关系密切，一般高温干旱天气利于病害发生。

4. 分类

（1）烟草花叶病毒（TMV）

TMV 是一种专门感染植物的 RNA 病毒，主要危害烟草及其他茄科植物。TMV 极其稳定，烟草花叶病毒感染后，烟草植株会出现一系列症状。

（2）番茄斑萎病毒（TSWV）

番茄斑萎病毒（TSWV）是一种对农业生产具有重要影响的病毒，因其最初在染病的番茄上被发现而得名。主要寄主为番茄、辣椒、烟草、心叶烟等多种植物，特别是茄科、菊科和豆科的部分植物。TSWV 具有分布广泛的特点，广泛分布于欧洲、北美、南美、亚洲和大洋洲等多个国家和地区，热带、亚热带、温带地区均有发生。

（3）番茄黄化曲叶病毒（TYLCV）

番茄黄化曲叶病毒（TYLCV）是一种对番茄等植物具有严重危害的病毒，属于双生病毒科菜豆金色花叶病毒属。TYLCV 是一类具有孪生颗粒形态的植物 DNA 病毒，双生病毒科单链环状 DNA 病毒（ssDNA）。广泛分布于热带和亚热带地区，可侵染烟草、番茄、南瓜、木薯、棉花等多种经济作物。在自然条件下，TYLCV 只能通过烟粉虱（*Bemisia tabaci*）以持久方式传播，其中 B 型烟粉虱是最主要的传播介体。

TYLCV 主要分布在非洲、中东、东南亚地区、地中海地区、中美洲、澳大利亚、日本、中国、印度、墨西哥、加勒比海地区和美国南部等地区。在中国，该病毒于 2000 年左右传入，最早发现于台湾地区，并逐步由南向北、由东向西快速扩散。

5. 危害

（1）烟草花叶病毒（TMV）

感染后的植株，叶上出现花叶症状，即叶片局部组织褪绿，形成黄绿相间的斑驳，严重时叶片皱缩扭曲，有缺刻，甚至形成泡状，边缘向内弯曲；早期发病的烟草植株会严重矮化，生长停滞，叶片不开片，即使能正常开花，果实和种子也发育不良；感染病毒后，烟草的产量和质量都会受到严重影响，减产幅度可达50%以上，甚至更高。

（2）番茄斑萎病毒（TSWV）

稳定性较强，致死温度40～46℃，10 min；稀释限点100～1 000倍，体外存活期3～4 h。常以系统性侵害为主，造成植物整株受害。番茄斑萎病毒对农业生产具有重大影响，每年在全球范围内造成数十亿美元的损失。在特定年份和地区，该病毒甚至可能导致作物近乎绝产。因此，加强对番茄斑萎病毒的防治具有重要意义。

（3）番茄黄化曲叶病毒（TYLCV）

染病番茄植株矮化，生长缓慢或停滞，顶部叶片常稍褪绿发黄、变小，叶片边缘上卷，叶片增厚，叶质变硬，叶背面叶脉常显紫色。生长发育早期染病植株严重矮缩，无法正常开花结果；生长发育后期染病植株仅上部叶和新芽表现症状，结果数减少，果实变小，成熟期果实着色不均匀（红不透），基本失去商品价值。

三 物理性污染来源及危害

（一）木屑

在种植菜蔬时，应用新鲜木屑可以提高土壤通气性、保水能力和肥力，但有些木屑中会含有化学物质，对人类健康和植物生长造成影响。应用新鲜木屑来种菜，要选择来源可靠的木屑，并根据实际情况合理使用。

食用菌基质的选择是食用菌栽培过程中的一个重要环节，直接关系到栽培的成功与否。在木质类基质选择时要考虑到其木质素含量、水分含量以及是否含有有毒有害物质等。

为了防治木屑污染带来的危害，可以采取以下措施：一是科学合理使用木屑，不能过量使用；二是选择优质无污染的木屑；三是根据种植的农产品特点，定期通过人工调节土壤pH值来缓解木屑导致的土壤pH值下降的问题。

(二)放射性物质

1. 定义

放射性物质是指那些能自然地向外辐射能量，发出射线的物质。一般都是原子质量很高的金属，像钚、铀等。放射性物质放出的射线主要有 α 射线、β 射线、γ 射线、正电子、质子、中子、中微子等其他粒子。

2. 现状

农产品中放射性物质主要来源于天然和人工放射性物质。一般而言，放射性物质是以消化道为主要途径进入人体的（其中食物占 94%～95%，饮用水占 4%～5%），而以呼吸道和皮肤为途径进入人体的则比较少。但是，在核试验和核工业发生泄漏事故而导致的核污染中，放射性物质不管是通过消化道、呼吸道和皮肤的哪一种途径都可以进入人体。这些放射性物质在进入人体内部后，继续发射多种射线，当放射性物质达到一定数量时，便可以危害人体。其危害性的大小因放射性物质的种类、人体差异、富集量等因素不同而有所差异，或引起恶性肿瘤，或引起白血病，或损坏人体的器官。我国广东地区有研究表明，在铀矿、钍矿及伴生放射性矿的开发利用过程中，铀、镭、钍等天然放射性核素及其子体随着生产工艺的各个流程进行富集、迁移、转化，最终形成了一定量的放射性废物，放射性核素直接或者间接通过大气、降水进入土壤，最终导致土壤受到放射性污染。放射性核素可从土壤中转移到植物，吸附作用主要集中在根部。由于根通常为不食用部分，能很大程度减少了对于人体的剂量贡献。

3. 来源

①核武器试验的沉降物。在大气层进行核试验的情况下，核弹爆炸的瞬间，由炽热蒸汽和气体形成大球（即蘑菇云）携带着弹壳、碎片、地面物和放射性烟云上升，随着与空气的混合，辐射热逐渐损失，温度渐趋降低，于是气态物凝聚成微粒或附着在其他的尘粒上，最后沉降到地面。

②核燃料循环的"三废"排放。原子能工业的中心问题是核燃料的产生、使用与回收，核燃料循环的各个阶段均会产生"三废"，能对周围环境带来一定程度的污染。医疗照射引起的放射性污染。由于辐射在医学上的广泛应用，已使医用射线源成为主要的环境人工污染源之一。

③其他各方面来源的放射性污染。可归纳为两类：一是工业、医疗、军队、核舰艇，或研究用的放射源，因运输事故、遗失、偷窃、误用，以及废物处理等失去控制而对居民造成大剂量照射或污染环境；二是一般居民消费用品，包括含有天然或人工放射性核素的产品，如放射性发光表盘、夜光表以及彩色电视机产

生的照射。

环境中的放射性核素可通过食物链向食品中转移,其主要的转移途径有:向水生生物体内转移、向植物转移、向动物转移。蔬菜核污染事件:中国卫生部门 2011 年 4 月 5 日在北京、天津和河南地区露天种植的菠菜中抽检发现微量的放射性碘 -131,含量分别为 1～3 Bq/kg。由于检出的碘 -131 微量,对公众健康无影响。既往核事故中蔬菜放射性污染监测经验表明:露天生长的大叶、表面有微小绒毛的蔬菜容易吸附空气中沉降的放射性物质。因此,选择菠菜检测可以较早地发现蔬菜是否被放射性物质污染。实践证明,用水冲洗可以有效地减少蔬菜表面的放射性物质。空气中的放射性物质沉降可污染地面和露天生长的蔬菜等食品。空气中放射性物质的浓度越高,沉降到地面和露天生长的蔬菜表面的放射性物质越多。雨雪天气可加速空气中放射性物质的沉降。

4. 分类

放射性物质的分类方法主要有两种:按物理形态分类和按放出的射线类型分类。

(1) 按物理形态分类

①固体放射性物品,如钴 60、独居石等。

②粉末状放射性物品,如夜光粉、钸钠复盐等。

③液体放射性物品,如发光剂、医用同位素制剂磷酸二氢钠 -P32 等。

④晶粒状放射性物品,如硝酸钍等。

⑤气体放射性物品,如氪 85、氩 41 等。

(2) 按放出的射线类型分类

①放出 α、β、γ 射线的放射性物品,如镭 226。

②放出中子流的放射性物品,如镭 - 铍中子流、钋 - 铍中子流等。

(3) 其他分类

有特殊核材料、工业用放射源、医用放射源和天然放射性核素。

①特殊核材料:指用于核武器或核反应堆中的材料。

②工业用放射源:用于工业检测和测量。

③医用放射源:用于医疗诊断和治疗。

④天然放射性核素:自然界中存在的放射性元素。

(4) 放射性废物的分类

①豁免废物:放射性水平较低,不需要特殊处理的废物。

②低放废物:放射性水平较低,可以进行简单处理的废物。

③中放废物:放射性水平较高,需要特殊处理的废物。

④高放废物：放射性水平极高，需要严格处理的废物。

5.危害

放射性物质可以通过多种途径对蔬菜造成污染，包括但不限于水污染和空气中的沉降物。当使用受放射性物质污染的水浇灌农作物或蔬菜时，这些蔬菜的放射性物质含量会普遍增高，直接食用这些受污染的蔬菜对人体的健康有害。此外，大叶、表面有微小绒毛的蔬菜，如菠菜，由于其特性容易吸附空气中的小颗粒，因此在露天种植的情况下，这类蔬菜更容易受到放射性物质的污染。

核辐射对农产品的生长过程、产量、形状和品质均有影响。在适当的辐射剂量下，核辐射是品种改良的一种手段，但在超剂量时，将导致农产品减产或绝收。农业生产过程如果遭受核辐射，农产品将可能被放射性物质污染，放射性物质超标的农产品则不能食用，否则可能影响健康。如福岛核事故后，福岛县及其周边地区的蔬菜被检测出放射物质含量超标，这直接影响了当地蔬菜的安全性和食用性。

综上所述，放射性物质对蔬菜的危害主要表现在对蔬菜的直接污染上，这种污染可能对人体健康造成影响。因此，对于可能受到放射性物质污染的蔬菜和食品，应当采取适当的措施减少或避免食用，以确保公众健康安全。

在农作物生产中，要避免选择已经出现放射性物质的生产环境从事生产，尽量避免在高辐射区域，如核电站、核工厂等地方从事生产活动，以减少农作物受到的辐射影响，此外，可以通过利用一些厚重、高大的建筑物或物体作为屏蔽，减弱或隔离自身与放射性来源的接触，从而降低受到的辐射影响。

Chapter three 蔬菜产品生产及质量安全控制措施

第三章

目前，蔬菜产业在全球范围内蓬勃发展，但同时也面临着诸多挑战。一方面，消费者对蔬菜的需求在不断增加，对其品质和安全的要求也越来越高；另一方面，蔬菜生产过程中存在着诸如农药滥用、土壤污染、病虫害防治不当等问题，这些都对蔬菜产品的质量安全构成了威胁。上一章节我们从化学性污染、生物性污染和物理性污染三个方面梳理了影响蔬菜生产及质量安全的因素及危害。在此背景下，研究和制定有效的蔬菜生产及质量安全控制措施成为当务之急。本章结合北方区域（尤其是北京及华北地区）蔬菜生产及质量安全管控实践，从产前、产中、产后三个阶段展开论述，重点就产前产地环境等5个关键环节、产中田间管理等3个环节、产后产品采收等6个关键环节提出了蔬菜生产及质量安全控制措施，供各位读者了解和参考。

 产前关键环节及控制措施

（一）产地环境

1. 产地选择

产地环境对蔬菜质量安全具有直接、重大的影响。选好产地，抓好产地管理，是保障蔬菜质量安全的前提。蔬菜产地选择应注意以下四个方面。一是蔬菜产地应选择在生态环境条件良好，并具有可持续生产能力的农业生产区域。二是生产区域内禁止使用高毒、高残留或未经正式登记的农药（包括植物生长调节剂）；使用基因工程产品及制剂，必须在生产、加工、销售等各个环节予以明确标示。三是生产区域内禁止使用未经正式登记或有害物质含量超标的化学或生物肥料；禁止施用未经无害化处理的工业废渣、城市垃圾、污泥和有机肥。四是生产区域内的废旧地膜必须全部回收。

若为绿色食品，产地环境还应注意距离公路、铁路、生活区 50 m 以上，距离工矿企业 1 km 以上。配备切断有毒有害物进入产地的措施。不应受外来污染威胁，产地上风向和灌溉水上游不应有排放有毒有害物质的工矿企业，灌溉水源应是深井水或水库等清洁水源，不应使用污水或塘水等被污染的地表水；园地土壤不应是施用含有毒有害物质的工业废渣改良过的土壤。应保证产地具有可持续生产能力，不对环境或周边其他生物产生污染。隔离保护要求方面，应在绿色食品和常规生产区域之间设置有效的缓冲带或物理屏障，以防止绿色食品产地受到污染。绿色食品产地应与常规生产区保持一定距离，或在两者之间设立物理屏障，或利用地表水、山岭分割等其他方法，两者交界处应有明显可识别的界标。绿色食品种植产地与常规生产区农田间建立缓冲隔离带，可在绿色食品种植区边缘 5～10 m 处种植树木作为双重篱墙，隔离带宽度 8 m 左右，隔离带种植缓冲作物。

若为有机产品，一年生植物的转换期至少为播种前的 24 个月，新开垦的、撂荒 36 个月以上的或有充分证据证明 36 个月以上未使用本标准禁用物质的地块，也应经过至少 12 个月的转换期。对于已经经过转换或正处于转换期的地块，若使用了禁用物质，应重新开始转换。当地块使用的禁用物质是当地政府机构为处理某种病害或虫害而强制使用时，可以缩短上述规定的转换期，但应关注施用产品中禁用物质的降解情况，确保在转换期结束之前，土壤中或多年生作物体内的残留达到非显著水平，所收获产品不应作为有机产品销售。应对有机生产区域受到邻近常规生产区域污染的风险进行分析。在存在风险的情况下，则应在有机生产和常规生产区域之间设置有效的缓冲带或物理屏障，以防止有机生产地块受到污染（注：缓冲带上种植的植物不能认证为有机产品）。

2. 空气质量要求

蔬菜产地环境空气质量应符合表 3.1 的规定，绿色食品蔬菜产地空气质量要求应符合表 3.2 的规定。

3. 土壤环境质量要求

土壤质量是指土壤在一定生态系统内支持生物的生产能力、净化环境能力，促进动植物及人类健康的能力。温室蔬菜一般是多茬次立体高产优质栽培，因此，要求良好的土壤条件，最好是选用物理性状良好、耕层疏松富含腐殖质的肥沃土壤。其优点是吸热性能强、透水透气性好、适耕性强，有利于根系生长。尽可能选用前 3～5 年内未种植瓜类、茄类蔬菜作物的地块，以减少病害发生。

表 3.1 环境空气质量要求

项目	取值时间	限值	单位
总悬浮颗粒物	日平均	≤0.30	mg/m³（标准状态）
二氧化硫	日平均	≤0.25	mg/m³（标准状态）
二氧化氮	日平均	≤0.12	
铅	季平均	≤1.5	
苯并[a]芘	日平均	≤0.01	μg/m³（标准状态）
氟化物	日平均	≤7	μg/(dm²·d)（标准状态）
	植物生长季平均	≤2.0	

注：日平均指任何一日的平均浓度；季平均指任何一季的日平均浓度的算术均值；植物生长季平均指任何一个植物生长季月平均浓度的算术均值。

表 3.2 绿色食品蔬菜产地空气质量要求

项目	指标		检验方法
	日平均*	1 h	
总悬浮颗粒物/（mg/m³）	≤0.30		GB/T 15432
二氧化硫/（mg/m³）	≤0.15	≤0.50	HJ 482
二氧化氮/（mg/m³）	≤0.08	≤0.20	HJ 479
氟化物/（μg/m³）	≤7	≤20	HJ 955

*日平均指任何一日的平均指标。1 h 指任何 1 h 的指标。

适宜蔬菜生长的土壤应具备以下四个要求：一是地势平整、排灌方便、土层深厚、结构疏松，有益生物群落丰富多样；二是土壤有机质含量 20～30g/kg，不小于 20g/kg，pH 值适宜在 6.5～7.5，总盐量范围 0.1%～0.3%，不得大于 2g/kg；三是病原生物不足以引发番茄根腐病、根结线虫病等土传病害；四是土壤污染物限量符合 GB 15618《土壤环境质量　农用地土壤污染风险管控标准（试行）》的规定。

蔬菜产地土壤环境质量应符合表 3.3 的规定。绿色食品蔬菜生产的土壤环境质量按耕作方式的不同分为旱田和水田两大类，每类又根据土壤 pH 值的高低分为 3 种情况，即 pH 值＜6.5，6.5≤pH 值≤7.5，pH 值＞7.5，应符合表 3.4 的要求。食用菌栽培基质质量要求应符合表 3.5 的要求，栽培过程中使用的土壤应符合表 3.4 的要求。

表 3.3　土壤环境质量要求　　　　　　　　　　　　　　　　　　单位：mg/kg

项目	限值		
	pH 值<6.5	pH 值 6.5~7.5	pH 值>7.5
镉	≤0.30	≤0.30	≤0.60
汞	≤0.30	≤0.50	≤1.0
砷	≤40	≤30	≤25
铅	≤250	≤300	350
铬	≤150	≤20	≤250
铜	≤50	≤100	≤100

表 3.4　绿色食品蔬菜土壤质量要求　　　　　　　　　　　　　　单位：mg/kg

项目	旱田			水田			检验方法
	pH 值<6.5	6.5≤pH 值≤7.5	pH 值>7.5	pH 值<6.5	6.5≤pH 值≤7.5	pH 值>7.5	NY/T 1377
总镉	≤0.30	≤0.30	≤0.40	≤0.30	≤0.30	≤0.40	GB/T 17141
总汞	≤0.25	≤0.30	≤0.35	≤0.30	≤0.40	≤0.40	GB/T 22105.1
总砷	≤25	≤20	≤20	≤20	≤≤20	≤15	GB/T 22105.2
总铅	≤50	≤50	≤50	≤50	≤50	≤50	GB/T 17141
总铬	≤120	≤120	≤120	≤120	≤120	≤120	HJ 491
总铜	≤50	≤60	≤60	≤50	≤60	≤60	HJ 491

果园土壤中铜限量值为旱田中铜限量值的 2 倍。
水旱轮作的标准值取严不取宽。
底泥按照水田标准执行。

表 3.5　食用菌栽培基质质量要求　　　　　　　　　　　　　　　单位：mg/kg

项目	指标	检验方法
总汞	≤0.1	GB/T 22105.1
总砷	≤0.8	GB/T 22105.2
总镉	≤0.3	GB/T 17141
总铅	≤35	GB/T 17141

4. 灌溉水质量要求

蔬菜产地灌溉水质量指标划分为基本控制项目和选择性控制项目两类，其指标值应分别符合表 3.6、表 3.7 的规定。绿色蔬菜农田灌溉水水质要求应符合

表 3.8 的规定。

表 3.6　灌溉水水质基本控制项目要求

项目	限值	
pH 值	5.5～8.5	
化学需氧量/（mg/L）	≤40[a]	150[b]
阴离子表面活性剂/（mg/L）	≤5.0	
氯化物/（mg/L）	≤250	
总汞/（mg/L）	≤0.001	
总镉/（mg/L）	≤0.01	
总砷/（mg/L）	≤0.05	
总铅/（mg/L）	≤0.10	
铬（六价）/mg/L	≤0.10	
每 100mL 粪大肠菌群/（个）	≤4.000	
蛔虫卵/（个/L）	≤2	

[a] 生食类蔬菜产地。
[b] 加工、烹调及去皮类蔬菜产地。

表 3.7　灌溉水水质选择性控制项目要求　　　　　　　　单位：mg/L

项目	限值
总铜	≤1.0
总锌	≤2.0
总硒	≤0.02
氟化物	≤2.0
氰化物	≤0.50
石油类	≤1.0
挥发酚	≤1.0
苯	≤2.5

表 3.8　绿色蔬菜农田灌溉水水质要求

项目	指标	检验方法
pH 值	5.5～8.5	HJ 1147

（续表）

项目	指标	检验方法
总汞/（mg/L）	≤0.001	HJ 694
总镉/（mg/L）	≤0.005	HJ 700
总砷/（mg/L）	≤0.05	HJ 694
总铅/（mg/L）	≤0.1	HJ 700
六价铬/（mg/L）	≤0.1	GB/T 7467
氟化物/（mg/L）	≤2.0	GB/T 7484
化学需氧量（COD）/（mg/L）	≤60	HJ 828
石油类/（mg/L）	≤1.0	HJ 970
粪大肠菌群[a]/（MPN/L）	≤10 000	SL 355

a 仅适用于灌溉蔬菜、瓜类和草本水果的地表水。

（二）种植计划

1. 确定种植计划

要综合市场需求、自然条件、种植技术和管理水平以及经济效益等多个方面因素，才能制定出科学、合理、可行的种植计划。第一，考虑市场需求和消费者偏好。这包括了解当地市场对各类蔬菜的需求量和价格趋势，以及消费者的口味和购买习惯。通过市场调研，可以预测未来一段时间内蔬菜的销售前景，从而确定种植哪些品种的蔬菜。第二，考虑土壤、气候和水资源等自然条件。不同品种的蔬菜对土壤质地、酸碱度、气候和水分等条件有不同的要求。因此，在制订计划时，需要充分考虑当地的自然条件，选择适合的蔬菜品种和种植方式。第三，考虑种植技术和管理水平。种植技术和管理水平对蔬菜的产量和品质具有重要影响。因此，在制订种植计划时，需要评估自己的技术和管理能力，确定合理的种植密度、施肥和灌溉等管理措施，以提高蔬菜的产量和品质。第四，还要关注种植成本和经济效益。这包括计算种子、肥料、农药、劳动力等投入成本，以及预测蔬菜的销售价格和产量，从而评估种植计划的经济效益。在确保经济效益的前提下，可以根据市场需求和自然条件等因素，灵活调整种植计划。

2. 实施轮作换茬

轮作是指在同一块耕地上将不同类型的作物，按一定顺序在一定年限内循环种植。合理轮作能改善土壤结构，提高地力，减轻病虫和杂草危害，增加复种指数，保证蔬菜稳产、高产，提高经济效益。

轮作时要注意几个问题：不同蔬菜对养分的需求不同，要把需氮较多的、需磷较多的和需钾较多的蔬菜进行轮作；把深根性蔬菜同浅根性蔬菜轮作，就可以充分利用土壤中各层次的养分；不同蔬菜对土壤肥力的影响不同，要把生长期长与生长期短的、需肥多与需肥少的蔬菜合理搭配种植；不同蔬菜病虫害发生程度不同，同科蔬菜有同样的病虫害发生，不同科蔬菜轮作，可使病菌失去寄主或改变其生活环境，达到减轻或消灭病虫害的目的。

轮作换茬过程中，特别是日光温室，多数菜农还选用高温闷棚、化学消毒处理、土壤深翻、生物修复等手段，清除棚室和土壤中的大部分病菌、虫卵，防止土传病害等。高温闷棚就是利用夏季歇棚期，密闭棚室，让棚室自然升温，一般棚室内的气温可以达到70℃左右，并保持一定时间，可以杀死棚室和土壤中的大部分病菌、虫卵。高温闷棚一般在每年的6月上旬至8月上旬高温期结合番茄秸秆原位还田进行。要想提高高温闷棚效果，要注意以下细节。

①棚室封闭要严。菜农应进行全棚密闭，不仅要将门口、放风口关严，还要覆盖地膜。很多菜农就是因为不覆盖地膜，导致土壤温度达不到，影响闷棚效果。

②闷棚时间要足。7—8月阴雨天气较多，闷棚前菜农一定要注意收看天气预报，选择天气晴好的时间段进行闷棚。一般来说，闷棚时应连续暴晒15 d，其中至少要有连续晴好天气5 d。这与全棚密闭的作用是一样的，主要是为了充分提高棚内的温度和棚室土壤的温度。

③干闷与湿闷结合。高温闷棚要干闷与湿闷结合，提高闷棚效果。当干闷结束后，选择晴天放风，进行大水漫灌，然后关闭风口，进行湿闷24 h，目的是土壤湿润后先让有害菌及虫、卵有个"动"的过程，即刚刚萌发或转化，此时再闷，杀灭效果会更好、更彻底。为了保证湿闷的效果，必须深翻土壤35 cm以上，翻地后要大水漫灌，覆盖地膜。

④化学消毒处理。当根腐病和根结线虫病等土传病害发生严重时，拉秧后可采用棉隆、威百亩等化学药剂进行土壤消毒。药剂选用应符合GB/T 8321《农药合理使用准则》、NY/T 1276《农药安全使用规范 总则》和NY/T 3129《棉隆土壤消毒技术规范》的规定。经过多年的使用，威百亩、棉隆、石灰氮等老产品的土壤消毒效果有所下降，但只要正确使用，还是能够起到很好的效果。石灰氮主要成分是氰氨化钙。氰氨化钙施入土壤后，与土壤中的水分反应，生成的气体单氰胺和液体双氰胺对线虫、真菌、细菌等有害生物有广谱性的杀灭作用。威百亩施入土壤后，与土壤中的水分发生反应，产生异硫氰酸甲酯。异硫氰酸甲酯能

够有效地杀灭土壤中的线虫、真菌、细菌等有害微生物。威百亩的使用主要有两种方法，一种为开沟施药法，一种为膜下冲药法。棉隆施入土壤后，与土壤溶液发生反应，生成异硫氰酸甲酯、甲醛、硫化氢等有毒物质，迅速扩散至土壤颗粒间，有效杀灭线虫、真菌、细菌及一年生杂草等，从而达到清洁土壤的效果。棉隆可全棚撒施，也可开沟使用，其使用方法及流程操作与威百亩开沟施药法基本相同。无论使用哪种土壤处理剂，最好结合高温闷棚一块进行。经过土壤消毒处理，不管是有害菌还是有益菌，大部分被杀死，因此，闷棚结束后，菜农应该在棚内普施生物菌剂，尤其是以枯草芽孢杆菌、木霉菌等有益菌种，以构建土壤中有益微生物群落，巩固闷棚的效果。

⑤土壤深翻。对于使用年限长的棚室来说，过去一直使用耕作深度较浅的旋耕机，旋耕深度多是 20 cm 以内，这样每年耕地时，犁底层没有被破坏，不断积累，从而在土壤中越来越厚。施入的养分也多集中在 15 cm 之内的浅层土壤中，久而久之，其理化性状变化，团粒结构被破坏而造成耕层变浅，不利于根系深扎，培育壮棵。菜农应深耕土壤，打破犁底层。菜农可选用耕作深度在 40 cm 以上的旋耕机，或用挖土机将 50 cm 甚至更深的土层挖起上下倒换，然后再进行耕作，这样能使耕作深度达到 40 cm 以上，改善土层结构，使植物根系有更大的生长空间，能够更好地利用土壤中的水肥条件。深翻至少每隔 3 年进行一次，深翻时间宜在早春茬收获后进行。菜农也可借助高温闷棚的时候，进行土壤深翻。深翻时应配合施用有机肥，有机肥应符合 NY 525《有机肥料》的规定。

⑥生物修复。土壤微生物种类多、数量大，有细菌、真菌、放线菌、藻类等，1克土壤中就有几亿到几百亿个，既有有益微生物，也有有害微生物。在目前的蔬菜栽培模式下，土壤有益微生物的数量会越来越少，只有通过投入优质的菌肥产品才能保证土壤有益微生物的数量。定植前，菜农宜选用哈茨木霉菌、海洋芽孢杆菌、荧光假单胞杆菌等生物菌制剂撒施或兑水浇灌土壤。生物菌在施入土壤中后，会在土壤中大量繁殖，起到一个活化、疏松土壤的作用，对改良土壤结构、增加土壤团粒结构有明显的促进作用，还能促使植株健壮。

3. 合理安排茬口

根据不同蔬菜生育特性与对环境条件的要求，结合当地的气候条件、栽培蔬菜的土壤、生产状况等因素确定蔬菜适宜的播期、定植时间以及产品供应季节，这个过程叫作茬口安排。在蔬菜栽培上通常把在露地种植的每一季蔬菜（即茬口）称为季节茬口。在北京地区，一般分为春茬、夏茬、秋茬、秋延后和越冬茬五大季节茬口。

①春茬。指在春季种植，春末或夏初收获的一茬蔬菜，在此期间种植的蔬菜统称为春茬蔬菜。根据蔬菜种植时间的早晚，又可分为早春茬、春茬、晚春茬。春季大地回暖，万物复苏，地温和气温回升，很多种类的蔬菜都适合在春茬种植。耐寒性蔬菜和半耐寒性蔬菜如芫荽、白菜（小油菜）、小白菜、小萝卜、豌豆以及洋葱、莴笋、结球甘蓝、花椰菜等，一般在农历惊蛰至春分时节露地土壤温度回升后即可播种或定植，于春末夏初收获（早春茬）。喜温性蔬菜如番茄、茄子、辣（甜）椒、黄瓜、西葫芦、冬瓜，以及菜豆、豇豆等蔬菜，一般多在立春前后播种育苗，谷雨时露地断霜后定植（春茬）或于春分节前播种育苗，小满前后定植（晚春茬），仲夏或夏末收获。

②夏茬。指在夏季种植，夏末或秋初收获的一茬蔬菜，在此茬口种植的蔬菜统称为夏茬蔬菜。夏季气候逐渐炎热，有一部分生长期较短的绿叶蔬菜如苋菜、小白菜、白菜（小油菜）等，可作加茬菜在芒种节前后种植，立秋前收获；还有一部分喜温和耐热的蔬菜如豇豆、黄瓜、冬瓜、南瓜常在立夏前播种育苗，夏至前定植，秋季收获。

③秋茬。指在秋季种植，秋末或冬初收获的一茬蔬菜。在此茬口种植的蔬菜统称为秋茬蔬菜，如大白菜、秋冬萝卜、根芥菜、结球甘蓝、花椰菜、青花菜，以及菠菜、莴苣等叶菜类蔬菜，它们多在立秋前后或白露前播种或定植，冬前收获。

④秋延后。指生长期较长的蔬菜，于春夏初种植，越夏延秋，夏末至秋末陆续收获的一茬蔬菜。如茄子、辣（甜）椒、茄子或扁豆、蔓生菜豆，以及苦瓜、丝瓜、蛇瓜、南瓜等，它们多在立夏至小满时节播种育苗，立夏前后定植秋季收获。

⑤越冬茬。指在秋季直播，露地（或地膜覆盖）越冬，翌年早春收获的一茬蔬菜。如根茬菠菜、根茬芫荽（香菜）等耐寒性蔬菜，一般多在秋分节前后播种，翌年早春收获。

（三）品种管理

1. 科学选定种子品种

①气候条件。不同的品种有不同的适应条件，蔬菜品种的生理性状在不同种植条件下会有不同的表现，即使是同一地区，不同的种植茬口也应该选择不同的适应品种进行种植。适合北方的品种不一定适合南方种植，适合保护地种植的不一定适合露地种植，适合海拔较高的山区种植的不一定适合平原地区种植，适合温室种植的不一定适合大棚种植，适合春大棚种植的不一定适合秋大棚种植，四

季应该选种不同适用品种。

②市场需求。选择品种必须考虑目标市场和消费群体的需求。由于不同地区、不同市场的消费习惯不同，对鲜食蔬菜品种（种类）的需求也不同，生产者不能单凭自己的喜好或当地的喜好来选择品种，而应根据产品消费群体的消费习惯来选择品种。种植面积一定要根据市场要求，不要盲目扩大。

③品种特性。选择某一品种时要详细调研该品种在示范田中的生长情况和特征特性，充分了解品种的适应性、抗病性、抗灾能力等。详细询问种过该品种的农户，这一品种的田间表现和市场畅销情况，做出综合评定后再进行选择。

2. 规范选购种子

所选购的蔬菜种子应满足饱满完整、纯净一致、健全无病虫、活力强、发芽率高等基本条件，具备抗逆性高、抗病虫等优点。同时，还应注意种子真实性、品种纯度和种子发芽率等指标。

①选择有信誉的门店购买。确认经营单位是否具有经营销售资质，是否具有《营业执照》。购买有高度责任心、良好口碑、优质服务的当地经销商经营的种子。购买知名商标的种子，在蔬菜包装上一定要有商标、厂名和生产厂商的地址及联系方式，附有网址的更佳，最好购买知名商标的蔬菜种子。一定不能购买三无产品。

②仔细查看种子信息。购种时要仔细看特征特性、栽培要点、种子质量标准、注意事项、种子经营许可证编号、检疫证明编号、生产日期、包装日期、使用时期等种子信息是否齐全、明确，字迹是否模糊不清，袋上标注内容不标准、不正规、不明确的种子不要购买。

③种子要有质量标准。质量标准分三等，最好的是 ISO 9000 标准，其次是国标和行标，最差的是地方标准和研究所标准。一般质量好的种子净度较高，没有杂质，种子颜色、粒型、大小均匀一致，种子表皮富有光泽、新鲜，有些种子还具有特殊的味道，如辣椒、芹菜等新种子比陈种子味道浓。一般的蔬菜种子最佳种植时间在 2 年内。

③邮购网购种子要慎重。除了当地购买不到的新特蔬菜种子外，尽量不要网购。如果出现问题，很难找到经销商处理。

④要向售种单位索取发票。购买种子时最好要向售种单位索取注明品种名称、数量、价格，具售种单位公章的发票。

⑤最好测试发芽率。播种前要抽出少量种子测试发芽率，如发芽率不高的，

要及时与供种单位联系，要求退货或调换。

3. 选用新品种

①不盲目跟风。菜农要对前几年某类品种行情进行分析，详细了解当前种植季节其他种植户的种植情况及种植面积，科学预测下一季鲜食蔬菜行情，切忌盲目跟风。

②要试种分析。种植户要对新品种进行详细了解，经过2～3年的小面积示范试种、区域试验、生产示范，与老品种的商品性、抗病性进行综合比较试验，具有可靠的取代老品种的优势时，再大面积种植新品种。一定要重视田间生产试验，不要盲目相信铺天盖地、花样繁多的广告宣传。理性对待老品种，科学选择新品种。

③掌握配套技术。任何品种都有一定的适应地区和适应季节，要认真查看品种介绍和了解栽培技术，根据当地的自然条件、种植管理水平选择对路品种，决定购买种子数量。

④分析市场需求。自己要有一个科学种植规划，前几年什么品种（种类）效益好就种植什么，别人种啥我种啥，这样不可取。若大多数人都在成倍地扩大种植面积，自己也盲目扩大某一品种的种植面积，也可能会出现"丰产不丰收"的伤农情况。

（四）育苗管理

1. 常见育苗方式

常见的蔬菜育苗方式有以下几种。

①露地育苗。露地育苗是在露地条件下直接培育蔬菜秧苗。这种育苗方式简单易行，成本较低，适合大面积种植。但是，由于无法控制环境条件，育苗过程容易受到自然灾害的影响。

②保护地育苗。保护地育苗是利用温室、塑料拱棚等设施，人为创造适合蔬菜幼苗生长的环境条件。这种育苗方式可以提高育苗成活率，缩短育苗周期，提前上市。但是，需要投入较高的设施成本。

③温床育苗。温床育苗是在保温设施（如酿热温床、电热温床）中进行的育苗方式。这种育苗方式可以在寒冷季节提供温暖的环境，促进蔬菜幼苗生长。但是，需要消耗能源，成本较高。

④冷床育苗。冷床育苗是在较低温度条件下进行的育苗方式。这种育苗方式适合寒冷地区在春季和秋季进行育苗。但是，由于温度较低，育苗周期较长，可能导致秧苗生长缓慢。

⑤容器育苗。容器育苗是将蔬菜种子或幼苗种植在各种容器（如营养钵、营养土块）中进行的育苗方式。这种育苗方式可以提供稳定的生长环境，便于管理，减少土壤传播的病虫害。但是，需要消耗较多的优质基质，成本较高。

⑥工厂化育苗。工厂化育苗是在现代化育苗厂中进行的育苗方式。这种育苗方式可以实现大规模、标准化生产，提高生产效率，降低生产成本。但是，需要较高的投资和技术水平。

不同的蔬菜品种和地区条件，可以选择适合的育苗方式。在实际生产中，往往需要将多种育苗方式结合使用，以达到最佳的育苗效果。

2. 育苗质量安全控制要点

蔬菜育苗质量安全控制是确保蔬菜生产过程中的关键环节，应注意以下几个事项。

①选择优质种子和育苗基质。选择具有较高发芽率、纯度和病虫害防治效果的种子，以及无病虫害、养分充足的育苗基质。

②做好消毒处理。对种子、育苗基质和育苗设施进行消毒处理，以减少病虫害传播。常用的消毒方法有温汤浸种、药剂浸种、药剂拌种等。

③控制好环境条件。根据蔬菜种子的生长适温、湿度和光照要求，合理控制育苗设施内的温度、湿度和光照时间，创造适宜的生长环境。

④科学施肥和灌溉。根据蔬菜种子的生长需求，合理施用有机肥、化肥和微量元素肥，保持土壤养分平衡。同时，注意灌溉水的质量，避免使用污染水。

⑤科学进行病虫害防治。加强蔬菜幼苗的病虫害检测，发现病虫害及时处理。可采用生物防治、化学防治和物理防治等方法，减少病虫害的发生和蔓延。

⑥合理密植和移栽。根据蔬菜种子的生长特性和市场需求，合理密植和移栽，避免过度密植导致秧苗生长不良。

⑦严格执行相应的标准规范。在蔬菜育苗过程中，要严格执行相应的育苗标准。特别是经过绿色、有机等认证的蔬菜产品，育苗过程中用肥用药要严格执行相关标准，保障蔬菜质量安全。

⑧定期检查和记录。定期检查蔬菜育苗过程的质量安全，记录相关信息，以便及时发现问题并采取措施进行处理。

通过以上措施，可以有效保障蔬菜育苗质量安全，为后续蔬菜生产奠定基础。

（五）投入品管理

蔬菜能否优质高产，除了与种植户的管理水平有关外，农业投入品的优劣也直接影响着蔬菜的品质及产量。农业投入品是指在农产品生产过程中使用或添加的物质,包括种子、种苗、肥料、农药等农用生产资料和农膜、农机、农业工程设施设备等农用工程物资产品。投入品的管理水平,直接关系到蔬菜的质量和安全。因此,应该严格规范投入品的使用,确保农业生产"放心投入,优质产出"。

1. 常见投入品

蔬菜生产过程中,为了提高产量和品质,通常需要使用一些投入品,包括以下几类。

①种子和种苗。选择优质的种子和种苗是蔬菜生产的基础,可以提高蔬菜产量和品质。

②肥料。肥料是蔬菜生长的重要营养来源,包括有机肥、化肥、微量元素肥等。合理施肥可以提高土壤肥力,促进蔬菜生长。

③农药。农药用于防治蔬菜病虫害,包括杀虫剂、杀菌剂、除草剂等。合理使用农药可以减少病虫害的发生,提高蔬菜产量和品质。

④灌溉水。蔬菜生长需要充足的水分,灌溉水的质量对蔬菜生长有很大影响。保证灌溉水的清洁、无污染是蔬菜生产的重要环节。

⑤塑料薄膜。塑料薄膜用于搭建温室、大棚等设施,为蔬菜生长提供稳定的环境条件。

⑥农业机械。农业机械用于蔬菜种植、管理、收获等环节,可以提高生产效率,降低劳动强度。

⑦照明设备。对于一些对光照需求较高的蔬菜,如温室栽培的蔬菜,需要使用照明设备来保证充足的光照。

⑧防病虫害设备。如黄板、蓝板等,用于诱捕害虫,从而降低病虫害发生。

⑨蔬菜育苗基质。用于容器育苗的基质,如营养钵、营养土块等。

⑩其他辅助材料。如绳子、细沙、石子等,用于搭建温室、大棚、育苗设施等。

合理使用这些投入品,可以提高蔬菜产量和品质,保障蔬菜质量安全。同时,要注意投入品的质量和使用方法,避免过量使用和污染。

2. 投入品采购、储存和管理

在蔬菜生产过程中,投入品的采购、存储和管理是确保蔬菜产量和品质的关键环节。采购、存储和管理投入品时应注意以下几个方面。

①确保投入品质量。选择具有较高质量、纯度和发芽率的种子,无病虫害、养分充足的育苗基质,优质、高效的肥料,环保、安全的农药,以及清洁、无污

染的灌溉水。

②合理存储。根据投入品的性质和要求，进行合理的存储。例如，种子应存放在干燥、通风、避光的环境中，防止高温、潮湿和虫害；肥料应存放在专门的储存场所，确保通风、干燥，避免潮湿和挥发；农药应存放在专门的储存场所，合理摆放，有专人管理。

③严格管理。要规范各类投入品出入库管理，做好投入品的领用、使用和剩余部分的归库记录，以备查询和追溯。

④防止污染。在投入品的采购、存储和管理过程中，要防止污染。例如，避免将农药与食品、饲料等物品混放，防止污染其他物品；领取及使用农药时，要遵守安全操作规程，避免农药泄漏和挥发。

⑤废弃物处理。对于废弃的投入品包装、残渣和废弃物，要进行分类处理，避免污染环境。废弃的农药瓶、袋等应集中收集，交由专门机构进行无害化处理。

通过以上措施，可以有效保障蔬菜生产过程中投入品的质量和安全，提高蔬菜产量和品质。

二 产中关键环节及控制措施

（一）田间管理

1. 田间管理方法

常见的蔬菜田间管理方法主要包括以下几个方面。

①土壤管理。通过深耕、松土、翻土等方法，改善土壤结构，提高土壤肥力，为蔬菜生长提供良好的土壤环境。

②肥料管理。根据蔬菜生长需求，合理施用有机肥、氮肥、磷肥、钾肥等肥料，保证蔬菜生长所需的养分供应。

③水分管理。根据蔬菜生长阶段和土壤水分状况，适时进行灌溉、排涝，保持土壤湿润，防止蔬菜水分不足或过度湿润。

④温度管理。通过搭建保温设施、通风降湿等方法，调节田间温度，为蔬菜生长创造适宜的环境。

⑤光照管理。通过合理密植、修剪枝叶等方法，保证蔬菜充足的光照，提高光合作用效率，促进蔬菜生长。

⑥病虫害防治。通过生物防治、化学防治、物理防治等方法，预防和控制蔬

菜病虫害的发生，保证蔬菜的健康生长。

⑦植株调整。通过疏花疏果、整枝打杈、摘心等方法，调整蔬菜植株生长，促进侧枝生长，提高产量和品质。

⑧收获与贮藏。根据蔬菜成熟度和采收标准，适时进行收获，并采取适当贮藏方法，延长蔬菜的保质期，保证蔬菜品质。

通过以上方法，可以有效进行蔬菜田间管理，提高蔬菜产量和品质。

2. 田间管理质量安全控制要点

（1）露地蔬菜田间管理

目前，露地蔬菜主要以黄瓜、番茄、茄子、辣椒、豇豆、菜豆等果菜类蔬菜和甘蓝、菜花等十字花科蔬菜为主。

①果菜类蔬菜。对于需要搭架栽培的瓜类、茄果类和豆类蔬菜尽早搭架，及时进行整枝、打杈、摘心等田间作业，加强通风透光，及时清洁菜园，加固菜架，清除残枝病果，适时培土拥根，增强抗倒能力。光照强度较高地区，要防止番茄、辣椒等日灼病发生，可以通过果实上部保留一定叶片数量，避免果实直晒。番茄、黄瓜等果菜在初花期适度控水，浅中耕，进行蹲苗，促进坐果。进入产品形成期，水肥管理遵循少量多次原则，推荐使用水肥一体化技术。瓜类、茄果类、豆类蔬菜应配合施用氮、磷、钾肥；在产量形成关键期，可根据植株长势进行叶面喷肥，可用0.3%~0.5%磷酸二氢钾和0.3%的尿素混合溶液或氨基酸类叶面肥喷施作物叶面，隔7~10 d喷一次，连喷2~3次，防止植株早衰。夏季高温期浇水应选择在10：00之前和16：00以后。如遇持续高温干旱，应适时引水灌溉，保持土壤湿润；强降雨后要及时清沟排水，缩短蔬菜受淹时间。夏季蔬菜易发生疫病、炭疽病、根腐病、枯萎病、霜霉病、白粉病等病害和烟粉虱、豆野螟、小菜蛾、斜纹夜蛾、桃蚜等虫害。高温高湿天气可喷洒1~2次多菌灵或甲基托布津等广谱性杀菌剂预防病害，及时清除菜田内及周边杂草，减少病虫寄主，减轻病害发生。

②叶菜类蔬菜。对于茬口密集、生长时间短、以直播为主的叶菜类蔬菜，主要做好以下工作。一是尽量选择地势高燥、土壤肥沃、浇水便利、排水良好的地块。二是优先选用耐高温、耐旱、耐涝的品种。三是采用高畦栽培方式，改善田间通风透光条件，减少田间积水。四是播种后利用遮光率60%左右黑色遮阳网、薄型无纺布等轻型覆盖材料进行浮动覆盖，降低地温，保持土壤湿度，促进出苗整齐；对于小白菜、菜薹等速生绿叶蔬菜可全生育期浮动覆盖40目防虫网，减少农药使用，确保质量安全。对于生长期比较长的十字花科的甘蓝、菜花、大白

菜等，在水肥管理上先控后促，可采用喷灌、隔沟交替灌溉、膜上沟灌等节水技术。施肥以氮肥为主，薄肥勤施。病虫害防控可在田间安装杀虫灯、黑光灯、信息素诱捕和干扰迷向等绿色防控技术，及时防治病害，提倡2~3种药剂交替使用，严格执行农药使用安全间隔期；多次收获的蔬菜应先采收再喷药，确保蔬菜安全。及时关注天气预报，在台风、冰雹、强降雨等灾害性天气前，抢收达到采收标准的蔬菜，降低损失。

（2）大棚蔬菜田间管理

由于大棚蔬菜种植对栽培管理工作的要求很高，因此在实际开展此项工作的时候必须要选取系统、科学以及全面的栽培管理模式。确保农户可以严格根据相关技术标准和要求进行，要通过轮作换茬的耕作制度栽培蔬菜，这样就能够最大限度运用当地的自然环境和条件，给大棚蔬菜打造良好健康的生长环境。同时要科学合理地进行田间管理。

①温度调控和水分管理。在作物生长的过程中，温度与水分起到了至关重要的作用，大棚种植对温度调节和水分管理的要求更加严格。纵观大棚蔬菜种植的整个过程，温度与湿度的调节很大程度上依赖人工，无法达到准确与灵活的要求，又无法排除外界环境对大棚的影响，很难保证温度与湿度都在合适的范围内。温度与湿度的不适宜导致了大棚蔬菜的减产与品质降低。大棚搭建的目的在于提高温度，减少水分流失，创造适合农作物生长的环境，而现阶段对环境的调整还无法完全脱离人工。一般反季栽培，需要在棚内安装温度监控设备，在温度超过适宜温度时，可通过打开薄膜通风，降低棚内温度。而在光照时间短、平均温度低的地区，除了塑料薄膜外，可能还需要采用草帘等覆盖，辅助提高保暖效果。在寒冷的冬季如果温度过低，可采用大棚内燃烧增温块或点燃燃气灶等方式进行增温，但一定要注意安全，确保通风良好，避免一氧化碳积聚引发中毒风险。同时，应定期检查增温设备，确保其正常运行，避免火灾等安全隐患。

在水分管理方面，相比依赖于自然降雨和灌溉的传统农业，大棚种植对水资源的利用效率更高，灌溉方式更加精细。通常会采用大垄双行膜下暗灌的节水滴灌浇水方式，优势在于大棚中水分蒸发速度慢，更精确地分配水资源，不仅为植物提供了生长必需的水分，而且减少了浪费，降低棚内湿度，减少病虫害的发生。这也对棚内植物的布局提出了要求，在种植时就需要对土地进行规划，将温度和水分需求相近的作物安排在同一区域，充分利用资源。如果棚内湿度过大就要采取放风排湿或者作业道撒草木灰或者白灰来吸收水分。

②定期进行通风换气。大棚蔬菜种植由于生长环境比较特殊，长时间在密封的环境中，大棚内的温度和湿度变化较大，对大棚定期进行通风换气有利于通风排湿，减少病害发生。大棚蔬菜栽培通常受到气候环境与棚内气体环境两方面影响。气候环境的影响，比如突如其来的寒流或暖流与极端天气都会影响棚内蔬菜的正常生长。棚内气候环境影响是指由于大棚的密封性好，空气流通差，棚内二氧化碳浓度低，导致植物光合作用率低，影响发育进度，诱发病害，降低产量和品质。在搭建大棚时就做好通风设计，留好通风口，提高换气效率，保证蔬菜正常生长。还可以安装换气设施和气体监控设备，将这一流程自动化。另外还要加强日常管理。空气中的二氧化碳是植物进行光合作用的原料，在一定范围内植物的光合产物与二氧化碳的浓度呈正相关，即二氧化碳浓度越高，光合速率越高，制造和积累的有机物质就越多，产量就越高。比如温室大棚黄瓜生产，黄瓜对二氧化碳需求量在0.15%左右，空气中的二氧化碳浓度在0.032%，由于内外空气交换困难，往往造成室内二氧化碳浓度低，不能满足正常光合作用的需要，黄瓜表现膨瓜慢、空心、化瓜等，使产量降低。为了满足大棚蔬菜对二氧化碳的需求，一般在寒冷的冬季减少防风频率时，大棚内要增施二氧化碳缓释肥。

③肥料的科学使用。一般大棚户为了追求产量大量施肥，特别是化肥，超量施入会导致土壤盐渍化，耕层被破坏，蔬菜产品化肥含量超标等。施肥是大棚蔬菜栽培的重要内容，需要引起种植管理人员的高度重视。另外很多大棚户会采用随水追施的方法。这种施肥方法虽然能够减少施肥量，节约人力成本，但是会造成肥料大量挥发，影响到肥料。因此，在今后温室大棚蔬菜栽培期间，应该积极推广膜下滴灌节水灌溉施肥技术，通过将灌溉和施肥有效结合，肥料施入到土壤层以下，满足蔬菜作物的生长发育所需，同时还能够大大降低肥料的浪费。具体的施肥量一定要结合蔬菜在不同生长发育阶段的实际情况综合确定，最好是采用测土配方施肥技术，严格控制氮肥的使用量，避免引发蔬菜徒长，确保肥料可以充分发挥肥效，满足蔬菜的生长发育所需。

（二）投入品使用

本部分重点介绍农药、化肥、农膜的使用要求。

1. 农药使用

农药的使用应遵循安全、低毒、绿色、高效原则，切实贯彻执行"预防为主，综合防治"的方针，积极采用非化学防治手段，优先采用农业措施，如选用抗病虫品种、实施种子种苗检疫、培育壮苗、加强栽培管理、中耕除草、耕翻晒垡、清洁田园、轮作倒茬、间作套种等。尽量利用物理和生物措施，如温汤浸种控制种传病虫害，机械捕捉害虫，机械或人工除草，用灯光、色板、性诱剂和食物诱杀害虫，释放害虫天敌和稻田养鸭控制害虫等。如没有足够有效的农业、物理和生物措施，在确保人员、产品和环境安全的前提下，按照规定配合使用农药，使用化学农药时要因地制宜，灵活掌握，但不得超过相关标准规定的施药量（浓度）和最多使用次数；提倡不同类型的农药交替使用。使用农药时要做好防护，施药后要及时彻底清洗，并注意防止污染水源和环境。应按照农药产品登记的防治对象和用药安全间隔期，选择适宜的农药品种，农药选择应符合《国家禁用与限用农药名录》要求；农药使用应符合 GB/T 8321《农药合理使用准则》（所有部分）和 NY/T 1276《农药安全使用规范 总则》的要求。经过绿色、有机认证的基地，农药使用时应符合 NY/T 393《绿色食品农药使用准则》、GB/T 19630《有机产品 生产、加工、标识与管理体系要求》的要求。应建立农药使用台账，至少包括施药日期、农药产品名称、施药地点、防治对象、施药量、施药方法、施药人员姓名等信息。

2. 肥料使用

肥料的使用应切实贯彻执行"土壤健康、化肥减控"的原则，坚持有机与无机养分相结合，提高作物秸秆、畜禽粪便循环利用比例，通过增施有机肥料或农家肥改善土壤物理、化学与生物学性质，提高农田土壤有机质含量，对存在障碍因素的土壤合理施用土壤调理剂，构建健康土壤。在保障养分充足供给的基础上，无机氮素和磷素用量不得高于当季作物需求量的一半，根据有机肥料或农家肥钾素投入量相应减少无机钾肥施用量，因地制宜地补充中微量元素。推荐使用作物专用肥，结合水肥一体化、侧深施肥和机械一次性施肥等技术措施，提高肥料利用效率，合理减少化肥使用量。有机肥施用原则：根据土壤性质、作物需肥规律、肥料特征，合理施用有机肥料或农家肥，保障作物产量和品质。安全优质原则：使用安全、优质的肥料产品，肥料的使用不应对作物感官、安全和营养等品质以及环境造成不良影响。生态绿色原则：增加轮作、填闲作物、生草覆盖，重视绿肥特别是豆科绿肥栽培，增加生物多样性与生物固氮，阻遏养分损失。蔬菜生长过程中的施肥应符合 NY/T 496《肥料合理使用准则 通则》的相关要求。经过绿色、有机认证的基地，肥料使用时应符合 NY/T 394《绿色食品 肥料使用准则》、GB/T 19630 的要求。施肥操作应进行记录，至少包括施肥日期、肥料产品名称、施肥量、施肥方法、施肥人员姓名等信息。

3. 农膜使用

农膜使用者应按照产品标注期限使用农膜，依法建立农膜使用记录，如实记录使用时间、地点、对象以及农膜名称、用量、生产者、销售者等内容，并至少保存两年。在使用期限到期前捡拾田间废弃农膜，交至回收网点或回收工作者，不得随意丢弃、掩埋或者焚烧。

（三）废弃物和污染物处置

1. 废弃物和污染物的回收

蔬菜生产废弃物包括农药包装废弃物、植株残体等。农药包装废弃物是指农药使用后被废弃的与农药直接接触或含有农药残余物的包装物，包括农药瓶、农药袋、农药桶等。《农药包装废弃物回收处理管理办法》（农业农村部、生态环境部令2020年第6号）第十条规定："农药生产者、经营者应当按照'谁生产、经营，谁回收'的原则，履行相应的农药包装废弃物回收义务。""农药经营者应当在其经营场所设立农药包装废弃物回收装置，不得拒收其销售农药的包装废弃物。"第十一条规定："农药使用者应当及时收集农药包装废弃物并交回农药经营者或农药包装废弃物回收站（点），不得随意丢弃。"为确保农药包装废弃物的安全回收，需要注意在回收前，确保包装内部无残余农药，避免对环境造成二次污染。将不同类型的包装废弃物分开投放，如塑料瓶、桶、玻璃瓶、包装袋等。将无残余农药的包装废弃物分类后投放到相应回收站点。生产活动中产生的植株残体应及时清理，保持生产区域清洁。《农用薄膜管理办法》第六条规定："禁止生产、销售、使用国家明令禁止或者不符合强制性国家标准的农用薄膜。鼓励和支持生产、使用全生物降解农用薄膜。"第十五条规定："农用薄膜使用者应当在使用期限到期前捡拾田间的非全生物降解农用薄膜废弃物，交至回收网点或回收工作者，不得随意弃置、掩埋或者焚烧。"第十六条规定："农用薄膜生产者、销售者、回收网点、废旧农用薄膜回收再利用企业或其他组织等应当开展合作，采取多种方式，建立健全农用薄膜回收利用体系，推动废旧农用薄膜回收、处理和再利用。"《中华人民共和国土壤污染防治法》第三十条规定："禁止生产、销售、使用国家明令禁止的农业投入品。农业投入品生产者、销售者和使用者应当及时回收农药、肥料等农业投入品的包装废弃物和农用薄膜，并将农药包装废弃物交由专门的机构或者组织进行无害化处理。"第八十八条规定："违反本法规定，农业投入品生产者、销售者、使用者未按照规定及时回收肥料等农业投入品的包装废弃物或者农用薄膜，或者未按照规定及时回收农药包装废弃物交由专门的机构或者组织进行无害化处理的，由地方人民政府农业农村主管部门责令改正，处一万元以上十万元以下的罚款；农业投入品使用者为个人的，可以处二百元以上两千元以下的罚款。"《中华人民共和国固体废物污染环境防治法》第六十五条规定："产生秸秆、废弃农用薄膜、农药包装废弃物等农业固体废物的单位和其他生产经营者，应当采取回收利用和其他防止污染环境的措施。"

2. 无害化处理与再利用

当前对农业废弃物资源化利用途径主要有肥料化、能源化、基料化、材料化以及饲料化等。

（1）肥料化利用

肥料化有直接法和间接法两种方式。直接法是指将农业废弃物直接填埋于田地中，利用土壤中微生物将农业废弃物中的营养物质释放，具有利用方式简单、劳动力成本低等优势。但是也会有病虫害、连作障碍等问题。间接法是指将废弃物经过一种或多种处理方式加工处理后再进行还田利用。采用间接法不仅可以获得还田的肥料，还可以得到氢气、沼气等能源物质。

（2）能源化利用

农业废弃物的能源化利用主要有厌氧发酵和直燃热解两种方式。建立沼气池，利用微生物对农业废弃物进行产沼气处理是应用较早、应用范围较广的厌氧发酵处理方式，但是该方法由于利用率较低的原因，使推广受到限制。在发酵处理方面，目前对农业废弃物进行产氢处理逐步成为研究热点。

（3）基料化利用

农业废弃物基料化利用主要用于对各种菌类、蘑菇进行培养利用。比如利用发酵后的林木落叶栽培平菇，其鲜菇平均产量较不发酵落叶高 $3.5\sim4.5\ kg/m^2$；榆黄蘑产量提高 $1.5\ kg/m^2$。

（4）材料化利用

农业废弃物产量巨大、价格低廉且来源广泛，可作为多种工业产品的生产原料。如植物纤维板、可降解餐具、发泡缓冲材料，还可用于生产纤维素薄膜和保温材料。比如说，以玉米秸秆纤维、废纸纤维和气相缓蚀剂为原料，添加适量的成膜剂、胶黏剂等物质后，以微波发泡的方式成功制造出玉米秸秆纤维缓蚀缓冲包装材料。

（5）饲料化利用

我国农业废弃物资源的饲料化利用主要有青储饲料、氨化饲料、蛋白饲料、动物粪便饲料。研究中表明，在鲜鸡粪与麸皮中接入米曲霉和白地霉，并添加尿素作为氮源进行固态发酵时，粗蛋白与氨基氮含量都分别提升了20.70%、19.74%。将其作为饲料，可将猪日增重提升10.83%。

三 产后关键环节及控制措施

（一）产品采收

1. 采收前准备

（1）采收人员

采收人员身体健康，无有碍食品卫生的疾病；采收时着装干净整洁，不得在种植区域内饮食、吸烟等。

（2）采收工具

采收工具为专用，采收前须保证清洁、干燥、完好；容器若周转使用应每次都做好清洁消毒工作。

2. 采收基本要求

（1）判断成熟度

蔬菜的采收标准主要依据蔬菜产品的成熟度，包括食用成熟度、生理成熟度等。食用成熟度，即产品器官生长到适于食用的程度，具有该品种的形状、色泽、大小和品质，比如黄瓜、丝瓜、菜豆和豇豆等是以幼嫩的果实供食用应在种子刚刚显露而尚未膨大硬化之前采收。生理成熟度，如西瓜采收时需种子发育成熟。

此外还有色泽、硬度、主要化学物质含量、生长期、植株生长状态等判定依据。色泽：一般果实成熟前为绿色，成熟时绿色减退，底色、面色逐渐显现，因此，可将该品种固有色泽的显现程度作为采收标志。硬度：随果实成熟度的提高，果实的硬度随之减小，因此，可根据果实硬度的变化程度来鉴别果实的成熟度。主要化学物质含量：果蔬中某些化学物质如淀粉、糖、酸的含量及果实糖酸比的变化与成熟度有关，可以通过测定这些化学物质的含量，确定采取时期。生长期：在正常气候条件下，各种果蔬都要经过一定的天数才能成熟，因此，可根据生长期来确定适宜采收的成熟度。植株生长状态：一些地下茎、鳞茎类蔬菜如芋、姜、洋葱等，地上部分开始枯黄时采收，耐藏性最好。其他如种子颜色、果实表面果粉的形成、蜡质层的薄厚、果实呼吸高峰的进程、核的硬化及果梗脱离的难易程度等，均可作为果蔬成熟的标志。

（2）采收时间

采收的成熟度标准在实践中还应根据蔬菜种类和品种的特性、生长状况、气候条件、栽培条件以及市场供求状况来综合考虑。采收时间必须晚于最后一次喷药的安全间隔期。

（3）采收方法

采收时应戴符合卫生要求的洁净软质手套，避免手直接触及果实，轻摘轻放。应根据蔬菜品种需要，看采摘是否需带有萼片或果柄，采摘过程中剔除病虫果、畸形果、机械损伤果以及残次果。采收完毕直接装车运送至仓库，不得在地块内暂存。

（4）采收质量安全控制要点

①成熟度。根据蔬菜的品种和生长期，确保采收时蔬菜已经达到合适的成熟度。过早或过晚采收都会影响蔬菜的口感、品质和营养价值。需要注意的是，不同品种的蔬菜可能存在差异，具体的成熟度和采收标准应根据实际情况进行判断。

②采收时间。选择适宜的天气条件进行采收，避免在高温、高湿或强风等恶劣天气下采收。此外，避免在露水未干或傍晚时分采收，以免蔬菜携带过多的水分。

③工具和设备。使用合适的工具和设备进行采收，如剪刀、刀具、篮子等，以保证采收过程顺利进行，避免损伤蔬菜。

④植株完整性。在采收过程中，尽量保持植株的完整性，避免破坏蔬菜的根系、茎叶等部位。这对于保证蔬菜品质和后期生长非常重要。

⑤避免污染。采收过程中要注意避免污染，不要在土壤、粪便等污染源附近进行采收，以免蔬菜受到污染。果实污染物和农药残留符合 GB 2762《食品安全国家标准　食品中污染物限量》、GB 2763《食品安全国家标准　食品中农药最大残留限量》。

⑥及时处理。采收后的蔬菜要及时进行处理，如清洗、修剪、分级等，以保证蔬菜的卫生质量和商品价值。

⑦贮存方法。根据蔬菜的特点和需求，采用适当的贮存方法，如通风、遮阳、冷藏等，延长蔬菜的保质期，保证蔬菜质量。

通过以上要求，可以确保蔬菜采收过程顺利进行，提高蔬菜的产量和品质。

（二）筛选分级

1. 常见分级标准

蔬菜作为鲜活农产品，不仅要具备营养、安全等内在品质，其新鲜程度、色泽、形状、洁净度、病虫害、机械损伤、整齐度及可利用部分的大小等外观品质也十分重要。制定蔬菜等级规格标准（简称分级标准），是适应消费多样化发展趋势、满足消费者不同层次需求、确保不同等级蔬菜合理利用、实现蔬菜优质优价，使效益达到最大化的最重要一环。

新鲜蔬菜的等级划分一般是根据蔬菜的坚实度、新鲜度、成熟度、清洁度、整齐度、色泽、形状、病虫害、机械损伤、可食用部分的比重、安全卫生等指标，依据"等级"划分为三级，即特级蔬菜、一级蔬菜和二级蔬菜或者一级蔬菜、二级蔬菜和三级蔬菜；依据"规格"划分为大、中、小三种规格或者特大、大、中、小、特小五种规格。

特级蔬菜的综合品质最好，具有该品种的典型特征和色泽风味，不存在影响组织和风味的内部缺点，大小基本保持一致；一级与特级普遍有相同的内在品质要求，不同的是，一级相较于特级来讲，可允许其在颜色、形状、整齐度等稍有缺陷（如外观稍有斑点、果个稍小、果色稍青、果香稍淡等），但不影响外观和品质；二级通常可以允许有某些外部和内部缺陷，但不能严重影响外观品质和内在品质。到目前为止，我国已经制定、发布了几十种蔬菜分级的国家标准、地方标准和行业标准，比如番茄、蒜薹、青花菜、大白菜、辣椒、莴笋、豆角、山药、香菇、芥菜、马铃薯等。

2. 筛选分级质量安全控制要点

①前处理。剔除有机械损伤、病虫危害、着色度不够、外观畸形等不符合商品要求的产品，以便改进产品的外观，改善商品形象，便于包装贮运，有利于销售和食用。有的产品还需去除残叶、败叶、泥土、去根、去叶、去老化部分等。单株体积小，重量轻的叶菜还要进行捆扎。

②分级。根据果蔬产品的大小、重量、色泽、形状、成熟度、新鲜度、清洁度、营养成分以及病虫害和机械损伤等情况，按照一定的标准，进行严格的挑选，并分为若干等级。果蔬分级的目的是使之达到商品标准化，实行优级优价。同时，也便于贮藏、销售和包装，而且通过挑选分级，进一步剔除有病虫害和机械伤的产品。

③清洗打蜡。清洗时采用浸泡、冲洗、喷淋等方式去除果品表面污物，减少病菌和农药残留，使之符合商品要求和卫生标准，提高商品价值。洗涤水要干净卫生，可加入适量杀菌剂，如次氯酸钙、漂白粉等。水洗后要及时进行干燥处理，除去表面的水分。套袋的果品果面洁净，可以免去洗果的环节。

（三）包装标识

1. 包装标识基本要求

蔬菜包装标识应符合相关标准和规定，《中华人民共和国农产品质量安全法》第三十五条指出："农产品在包装、保鲜、储存、运输中所使用的保鲜剂、防腐剂、添加剂、包装材料等，应当符合国家有关强制性标准以及其他农产品质量安全规定。储存、运输农产品的容器、工具和设备应当安全、无害。禁止将农产品与有毒有害物质一同储存、运输，防止污染农产品。"《食用农产品市场销售质量安全监督管理办法》第十二条指出："销售者销售食用农产品，应当在销售场所明显位置或者带包装产品的包装上如实标明食用农产品的名称、产地、生产者或者销售者的名称或者姓名等信息。产地应当具体到县（市、区），鼓励标注到乡镇、村等具体产地。对保质期有要求的，应当标注保质期；保质期与贮存条件有关的，应当予以标明；在包装、保鲜、贮存中使用保鲜剂、防腐剂等食品添加剂的，应当标明食品添加剂名称。"以确保产品质量和消费者权益。一般来说，蔬菜包装标识要求内容准确（包装标识的内容应真实、准确，不应误导或欺骗消费者）、清晰显著（包装标识应清晰、显著，便于消费者识别和阅读）、语言规范（包装标识应使用规范的中文，可以同时使用其他语言，但应以中文为主）、信息完整（包装标识应包括蔬菜的名称、产地、生产者、生产日期、保质期、贮存条件等信息）、合规合法（包装标识应符合国家相关法律法规和标准的规定，不得使用禁用的标识和术语）、环保要求（包装标识应使用环保材料，避免对环境造成污染）、安全卫生（包装标识应确保蔬菜的卫生安全，避免造成食品污染和危害消费者健康）、避免混淆（包装标识应避免与其他产品混淆，确保消费者能够正确识别产品）。总之，蔬菜包装标识应符合国家法律法规和标准要求，确保消费者能够获取准确、清晰、完整的产品信息，保障蔬菜的质量和安全。

　　包装过程中在质量安全控制方面应注意根据不同设施蔬菜产品的类型、性质、形态和质量特性等，选用符合规定的包装材料并使用合理的包装形式来保护和保持蔬菜产品的品质，同时利于蔬菜产品的运输、贮存，并保障物流过程中蔬菜产品的质量稳定。包装的体积和重量应限制在最低水平，包装的设计、材料的选用及用量应符合GB 23350《限制商品过度包装要求　食品和化妆品（含第1、2号修改单）》的规定。宜使用可重复使用、可回收利用或生物降解的环保包装材料、容器及其辅助物，包装废弃物的处理应符合GB/T 16716.1《包装与环境　第1部分：通则》的规定。安全卫生方面，蔬菜产品的包装应符合相应的食品安全国家标准和包装材料卫生标准的规定。不应使用含有邻苯二甲酸酯、丙烯腈和双酚A类物质的包装材料。用于内包装的塑料包装材料和制品应使用无色的材料，不应使用回收再用料，不应使用聚氯乙烯塑料。用于内包装的纸质包装材料或容器不应添加增白剂，其他指标应符合GB 4806.8《食品安全国家标准　食品接触用纸和纸板材料及制品》的规定，不应使用废旧回收纸材，表面不应有印刷字迹或图案，不应涂非食品级蜡、胶、油、漆等。

　　包装上印刷的油墨或贴标签的黏合剂不应对人体和环境造成危害，且不可直接接触蔬菜产品。蔬菜产品包装物在使用前应有良好的包装保护，以确保包装材料或容器在使用前的运输、贮存等过程中不被污染。蔬菜产品包装物的贮存环境应洁净卫生，应根据包装材料的特点，选用合适的贮存技术和方法；不与有毒物混存。蔬菜产品包装物不应与有毒有害、易污染环境等物质一起运输。环保要求方面，蔬菜产品包装中四种重金属（铅、镉、汞、六价铬）和其他危险性物质含量应符合 GB/T 16716.1 的规定。在保护内装物完好无损的前提下，宜采用单一材质的材料、易分开的复合材料、方便回收或可生物降解材料。不应使用含氟氯烃（CFS）的发泡聚苯乙烯（EPS）、聚氨酯（PUR）等产品作为内包装物。

蔬菜产品包装上应印有蔬菜产品商标标志，印刷图案与文字清晰。标签应符合国家法律法规及相关标准等对标签的规定。产品包装上应有包装回收标志，包装回收标志应符合 GB/T 18455《包装回收标志》的规定。产品包装上宜贴附二维码，二维码的链接中宜有与产品相关的商标、生产者、产地、生产日期、生产过程操作、投入品使用记录、生产过程照片或录像等信息。二维码可以为标签内容的一部分，也可以单独贴附。

2. 常见果蔬包装

蔬菜产品可以采用单层包装，也可以采用多层包装。单层包装时，包装物要符合前述关于内包装的相关要求；多层包装时，与蔬菜产品直接接触的包装要符合前述关于内包装的相关要求，与蔬菜产品无直接接触的包装符合前述关于外包装的相关要求。内包装宜用保鲜膜、食品包装纸等软性的塑料或纸质材料，保鲜膜应当符合 GB/T 10457《食品用塑料自粘保鲜膜质量通则》规定。外包装宜用纸盒、纸袋、纸箱、塑料周转箱、复合包装盒等硬性的塑料或纸质材料。标签等附件可根据需要贴附于内包装或外包装上。内包装物宜用一次性包装物和可降解包装物；外包装物提倡使用可降解包装物或可重复使用的包装物。

（1）果蔬保鲜包装

蔬菜包装有泡沫箱、塑料筐、纸箱、胶袋、麻袋等。不同的蔬菜品种用不一样的包装，用于果蔬保鲜包装的包装材料种类很多，目前应用的功能性包装材料主要有塑料薄膜、塑料片材、蓄冷材料、瓦楞纸箱、保鲜剂等几大类。

（2）果蔬保鲜包装方法

过去的果蔬包装通常采用木箱、纸箱、竹筐、箩筐等散装，有时也在单个果蔬表面覆盖一层纸再散放于上述容器中。这种包装方法一般不能满足果蔬的保鲜要求，保鲜时间较短。目前果蔬的保鲜包装主要是利用包装材料与容器所具有的简易气调效果，以及开发其防雾、防结露、抗震、抗压等特性来进行包装。在包装方法上主要有两大类：一是透气包装；二是密封包装，现在一般趋向采用透气式和密封式相结合的包装方法。

3. 果蔬认证及标识

（1）绿色食品认证

绿色食品认证指遵循可持续发展原则，按照特定生产方式生产，经专门机构认定，许可使用绿色食品标志，无污染的安全、优质、营养类食品。无污染、安全、优质、营养是绿色食品的特征。产品内在质量包括两方面：一是内在品质优良，二是营养价值和卫生安全指标高。绿色食品认证范围按产品级别分，包括初级产品、初加工产品、深加工产品；按产品类别分，包括农林产品及其加工品、畜禽类、水产类、饮品类和其他产品。绿色食品标志见图3.1。

图3.1　绿色食品标识

（2）有机产品认证

有机产品认证指来自有机生产体系，根据有机产品生产要求和相应的标准生产加工的，并通过合法的有机产品认证机构认证产品。国内市场的有机产品已涉及蔬菜、茶叶、大米、杂粮、水果、蜂蜜、中药材、水产品、畜禽产品等20多个大类500多个品种。

中国有机产品认证标志分为中国有机产品认证标志和中国有机转换产品认证标志，见图3.2。

图3.2　有机产品标识

（3）良好农业规范（GAP）认证

良好农业规范（GAP），是一套主要针对初级农产品生产的操作规范，强化农业生产经营管理行为，实现对种植、养殖全过程控制，从源头上控制农产品质量安全。我国良好农业规范认证制度（ChinaGAP）分为两个级别：一级认证与二级认证。一级认证与全球良好农业规范认证（GLOBALGAP）要求一致。

良好农业规范认证标志使用时可以等比例放大或缩小，但不允许变形、变色；在使用认证标志时，必须在认证标志下标认证证书号。良好农业规范认证标志见图3.3。

图3.3　GAP标识

（4）承诺达标合格证

"承诺达标合格证"是指食用农产品生产者根据国家法律法规、农产品质量安全国家强制性标准，在严格执行现有农产品质量安全控制要求的基础上，对所销售的食用农产品自行开具并出具的质量安全合格承诺证。

全国统一的"承诺达标合格证"基本样式及电子打印样式（新版），生产者可根据实际情况参考使用。内容包含：承诺事项（不使用禁用农药兽药、停用兽药和非法添加物，常规农药兽药残留不超标，对承诺的真实性负责）；承诺依据（根据实际情况勾选一项或多项：质量安全控制符合要求、自行检测合格、委托检测合格）；基本信息［产品名称、重量或数量、产地、生产者盖章（签字）、联系方式、开具日期等］。具体样式见图3.4、图3.5。

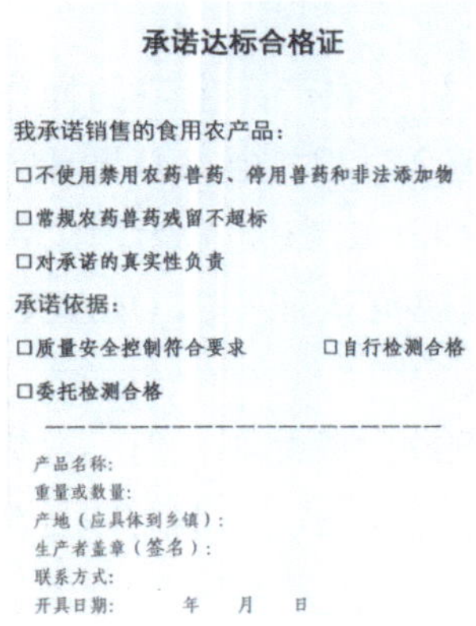

承诺达标合格证

我承诺销售的食用农产品：
□ 不使用禁用农药兽药、停用兽药和非法添加物
□ 常规农药兽药残留不超标
□ 对承诺的真实性负责

承诺依据：
□ 质量安全控制符合要求　　□ 自行检测合格
□ 委托检测合格

产品名称：
重量或数量：
产地（应具体到乡镇）：
生产者盖章（签名）：
联系方式：
开具日期：　　年　月　日

图 3.4　农业农村部"承诺达标合格证"基本样式

图 3.5　电子打印"二维码"标识样式

（四）质量安全检测

《中华人民共和国农产品质量安全法》第三十四条规定，"销售的农产品应当符合农产品质量安全标准。农产品生产企业、农民专业合作社应当根据质量安全控制要求自行或者委托检测机构对农产品质量安全进行检测；经检测不符合农产品质量安全标准的农产品，应当及时采取管控措施，且不得销售。"蔬菜质量安全检测方法见本书第四章，生产主体多采用定性检测方法对拟上市蔬菜进行自检。

（五）贮藏运输

1. 贮藏运输质量安全控制要点

（1）消除病源

蔬菜在贮藏中发生的病害大多来自田间，蔬菜生长发育不良，抗病较弱。因此，培育健壮、不带病菌的蔬菜是贮藏中防治病害的基础。为了将病菌消灭在田间，采收前一周左右，喷洒一次波尔多液或其他农药。

（2）严格挑选

蔬菜在贮藏前，应严格加以挑选，剔除受到病虫及机械伤害的蔬菜，选择生长发育良好、健壮耐贮的产品，茄果类蔬菜要求个头均匀，果形完整，外观健壮；冬瓜、南瓜一定要挑选比较老熟，表皮蜡质丰厚的产品。

（3）消毒防腐

蔬菜种类繁多，采收后抗病性很易下降，因此应注意消毒防腐工作。对贮藏场所和包装，都可采用硫黄熏蒸，喷洒波尔多液或其他药剂进行消毒；对采收后贮藏的蔬菜可用代森锰，或代森锰锌铬合剂，托布津、多菌灵等药物防腐。对采收后用药液处理的蔬菜，应干燥后才可包装入贮。在贮藏过程中，可将漂白粉存放在密闭的贮藏场所，利用其逐渐分解产生的氧气，也可收到很好的消毒和杀菌效果。

（4）控制条件

根据不同蔬菜的特性和贮藏的要求，注意调节适宜的温度，恰当的湿度，合理的通风，以减弱微生物的侵染和危害。运输的蔬菜车辆要有符合蔬菜运输行业要求的资质。常见蔬菜的贮藏运输条件见表3.9。

表3.9 常见蔬菜的贮藏运输条件

序号	蔬菜品名	预冷终温（℃）	冷藏温度（℃）	相对湿度（%）
1	结球生菜	3～5	0	95～100
2	直立生菜	3～5	0	95～100
3	紫叶生菜	3～5	0	95～100
4	油菜	3～5	0	95～100
5	奶白菜	3～5	0	95～100
6	菠菜	3～5	0	95～100
7	茼蒿	3～5	0	95～100
8	小青葱	3～5	0	95～100
9	韭菜	3～5	0	95～100
10	甘蓝	3～5	0	95～100
11	抱子甘蓝	3～5	0	95～100
12	菊苣	3～5	0	95～100
13	乌塌菜	3～5	0	95～100
14	小白菜	3～5	0	95～100
15	芥蓝	3～5	0	95～100
16	菜心	3～5	0	95～100
17	大白菜	3～5	0	95～100
18	羽衣甘蓝	3～5	0	95～100
19	莴苣	3～5	0	95～100
20	欧芹	3～5	0	95～100
21	秋葵	7	7	90～95
22	牛皮菜	3	0	95～100

（续表）

序号	蔬菜品名	预冷终温（℃）	冷藏温度（℃）	相对湿度（%）
23	芹菜	3~5	0	95~100
24	芦笋	3~5	0	95~100
25	竹笋	3~5	0	95~100
26	萝卜	3~5	0	95~100
27	胡萝卜	3~5	0	95~100
28	芜菁	3~5	0	95
29	芋头	7	7~10	85~90
30	辣根	3	−1~0	98~100
31	土豆	5	3~5	90~95
32	甘薯	13	13~16	85~90
33	山药	13	13~15	85~90
34	苦瓜	7	7~9	80~85
35	丝瓜	8	8~10	80~85
36	佛手瓜	5	3~5	80~85
37	矮生西葫芦	7	5~10	80~85
38	冬西葫芦（笋瓜）	10	10~13	80~85
39	冬瓜	10	10~13	70~75
40	南瓜	10	10~13	80~85
41	黄瓜	10	13	90~95
42	甜椒	9	9	90~95
43	番茄	9	12	85~90
44	茄子	10	10~11	85~90
45	甜玉米	3~5	0	85~90
46	白菜花、青菜花等	3	0	95~100
47	双孢蘑菇	3	0~2	90~95
48	香菇	6	4~6	80~90
49	平菇	5	3~4	80~90
50	金针菇	3	0~2	95~100
51	草菇	5	4~6	95~100

（续表）

序号	蔬菜品名	预冷终温（℃）	冷藏温度（℃）	相对湿度（%）
52	凤尾菇	5	3~4	85~90
53	菜豆	8	8~10	85~90
54	毛豆	3~5	0	85~90
55	豆角	10	9	85~90
56	豇豆	8	8~10	80~90
57	芸豆	8	8~10	85~90
58	扁豆	8	8~10	85~90
59	豌豆	3	0	85~90
60	荷兰豆	3	0	85~90
61	甜荚豌豆	3	0	85~90
62	四棱豆	8	8~10	85~90

（5）加强检查

贮藏中注意勤检查，检查温、湿度的高低，空气成分的测定，蔬菜品质的变化，通风条件好坏等，发现问题，及时采取措施解决。翻筐检查时，仔细剔除有病和开始腐烂变质的蔬菜，防止蔓延。

2. 常见贮藏运输保鲜技术

蔬菜鲜藏的方式繁多，根据鲜藏的原理，无论采取什么方式，都是为贮藏中的蔬菜创造最适宜的环境条件，使其生理代谢作用受到抑制，但又能缓慢而正常地进行。在生产实践中贮藏方式有堆藏、埋（沙）藏、窖藏、假植贮藏、气调贮藏、冷藏、化学药物处理贮藏等，这里重点介绍以下4种贮运保鲜方法，根据当地实际情况选用。

（1）气调贮藏法

气调贮藏主要降低正常空气中氧（O_2）的含量，增高二氧化碳（CO_2）的含量。为避免外界空气的干扰，贮藏产品必须封闭起来，降氧增二氧化碳是使产品在贮藏运输过程中的氧和二氧化碳浓度保持稳定的比例，从而达到贮运保鲜的效果。其方法可采用自然降氧（O_2）或半自然降氧（O_2）及硅窗气调法。

①自然降氧法。选用无毒的聚乙烯薄膜做成大和小的包装袋，大袋装产品一般为5 kg左右，主要用于运输贮藏；小袋装产品一般为100~1 000 g，主要用于零售短期贮藏。薄膜的厚度，大袋一般为0.08 mm左右，小袋以越薄越好，不但

可节约原料，更重要的是透气性能好。用经过选择的产品装入薄膜袋后，将袋口折叠，或用绳松扎袋口，使内外气体通过袋口自由扩散。产品在贮藏过程中，需定时打开袋口，以调节袋内气体，同时揩干袋内壁凝结的水滴，操作过程应尽快完成。每天测定调节使贮藏产品自然呼吸消耗 O_2 的含量控制在一定的范围内，O_2 和 CO_2 含量的范围依蔬菜种类和品种而异。例如，青椒贮藏中的 O_2 分压，宜保持在 3%～6% 的范围内，不可低于 3%，CO_2 含量控制在 6% 以下；番茄的 O_2 分压控制在 3%～6% 或 2%～4%，CO_2 含量不超过 3%；黄瓜的 O_2 分压不宜低于 2%，CO_2 含量控制在 5%，菜豆的 O_2 分压控制在 2%～3%，CO_2 不宜超过 2%。贮藏中对积累过多的 CO_2，可用吸收剂除去，吸收剂可用碱性物质，如烧碱（NaOH）、硝石灰或活性炭吸附。

②半自然降氧法。此法可以节约人工降 CO_2 法所大量耗用的 N_2，又可弥补自然降 O_2 法速度慢的缺点。此法的操作是先抽 O_2 灌 N_2，将 O_2 分压迅速降到 10% 左右以后，就靠果实自身的呼吸作用消耗氧气，直到达到要求的含量范围，而后再进行调节控制。

③硅窗气调法。这种方法是利用硅酮橡胶膜，以一定面积比做成硅橡胶透气窗（简称硅窗）镶嵌在普通封闭的薄膜上，制成硅窗气调帐。硅橡胶是一种有机硅高分子聚合物，具有比聚氯乙烯膜和聚乙烯膜大得多的透气性能，因此基本上可以自动维持适于一般蔬菜低 O_2 低 CO_2 气体组成。也就是说，在一定范围内，硅窗的渗透量随着帐内 CO_2 浓度升高或降低而增大或减少，迅速排除帐内过高的 CO_2，同时外界空气渗入帐内，补充呼吸所消耗的 O_2 气，这种动态平衡机制使得帐内的 O_2 和 CO_2 浓度能够保持在一个相对稳定的水平，满足蔬菜保鲜对气体环境的要求。硅窗对封闭膜的面积比，视产品的呼吸强度（关系到品种成熟度、贮藏温度等）和贮藏量而定。硅窗面积的大小，大致可以根据小量典型试验按正比关系推算出来。例如有效体积为 4 m^3 的塑料薄膜帐，贮藏 550 kg 的番茄，需 0.45～0.5 m^2 的硅窗，贮藏 55 kg 时，贮帐体积为 0.4 m^3，开硅窗 0.045～0.005 m^2 比较适宜。硅橡胶薄膜的透气性，以越薄越好，据对比试验在其他条件相同的情况下，使用 0.08 mm 厚的硅窗，帐内 O_2 的储量维持在 6% 左右，CO_2 在 4% 左右，效果较好；而使用 0.1 mm 厚的硅窗，则 O_2 的含量在 4% 左右，CO_2 为 12% 左右，效果较差。硅窗的安装方法：先用胶木板做成一定规格的窗框，再紧密粘上硅橡胶薄膜，然后在薄膜的内外壁黏合处用事先做好的胶森柜加固即成。具体做法：可先将硅窗用螺丝固定在贮藏帐上，再将硅窗四周的塑料薄膜紧密地与贮藏帐黏合在一起。黏合后剪去靠硅窗内壁的塑料薄膜，样子就像在贮藏帐上装了一扇气

窗，如果需要的硅窗比较大，可以按总面积做成若干个小硅窗，分别装在贮藏帐的四壁。硅窗气调法，免除了补 O_2 排除 CO_2 的繁琐操作管理，而且与一般气调帐相比，气体成分更稳定而适用，此外硅橡胶薄壁对乙烯也有较大的透气性。乙烯是植物生理代谢中产生的一种激素，具有加速蔬菜成熟衰老过程的特性。用硅橡胶薄膜作气窗后，能够使乙烯很快地透出帐外，降低帐内浓度，对延缓蔬菜衰老有显著作用。在帐内存放高锰酸钾等吸收剂，能使乙烯浓度进一步降低，贮藏效果更好。综上所述，硅窗气调法在目前来说，是一种较好而有发展前途的蔬菜贮藏保鲜方法，如结合冷藏效果更佳。

（2）冷藏

冷藏是用人工方法保持贮藏蔬菜环境所需要的低温，从而达到鲜藏的目的。冷藏有冰藏和机械冷藏两种方法。

①冰藏。就是利用冰块与新鲜蔬菜堆放在一起贮藏。这种方法适用于喜凉性的根茎菜类和叶球蔬菜的短期冷藏。含水量比较少，表皮组织纤维丰富，韧性比较大的蔬菜，如芹菜、蒜苗等，也可用冰藏法，操作时可堆一层菜一层冰，层积堆放即可。采用冰藏时，贮藏环境应考虑排水通道，以及时排出溶化的冰水，既减缓冰块的溶化速度，又防止贮藏环境过分潮湿。原产热带、亚热带的蔬菜，如茄果类、瓜类，大部分豆类蔬菜等，贮藏时都不适用接近 0℃ 的低温，因此贮运时，为避免冷害，一般均不采用冰藏法，宜采用冷藏法。菜豆、辣椒、三月瓜等蔬菜，在贮运过程中，也可采用冷藏的围堆法，就是将蔬菜先存放在板条箱或箩筐等容器内，堆积后，在四周堆上同样高的冰块，这种堆法叫冰围菜；也可在堆桩时，中间留若干空间，以存放冰块，这种堆法称为菜围冰。目前攀枝花"南菜北运"的一些蔬菜，就是采用这种简单方法。

②机械冷藏。在冷藏库内装置机械制冷设备（通常用压缩式冷藏机）可以随时提供各种蔬菜贮藏期所需的低温，不受地区、季节的限制。世界上从 19 世纪后半叶起就有机械冷藏，到 20 世纪 40 年代发展较快。目前我国的北京、上海等地也陆续兴建了一批大规模的菜用冷藏库，促进了冷藏事业的发展。用机械冷藏贮藏蔬菜，必须注意分级包装。冷藏的蔬菜，应选择适宜的成熟度，剔除病虫伤害者，并按质量标准分级，进行某些理化处理，再进行包装。其包装容器，根据产品种类和特性而不同，要用网袋、筐、箱、薄膜袋等，包装后进行预冷过程。为减轻冷库的热负荷及产品在高温下的损失，产品在入库或装入冷藏车、船等，应先进行预冷。预冷有冷气预冷、水冷和真空冷却三种方式。冷气预冷是将准备入仓贮藏的蔬菜包装后，通过一条用冷气冷却的隧道，使蔬菜迅速冷却，直接进

仓贮藏。也可用成本低的空气冷却，即是将蔬菜分期分批直接入库，每天入库不宜过多，贮藏库总容量的 1/10～1/5，以防止温度骤然上升过高而不易迅速回降。水冷，是将蔬菜淹浸或漂浮在流动的冷水中，或用水喷淋。这种方法冷却效果较好，除太柔嫩或不宜水湿的蔬菜外都可应用。冷却水最好用消毒剂处理，以防病菌传播。真空冷却，是使产品在低压中迅速蒸发一部分水而降温，为减少产品脱水，可预先用水淋湿。南亚热带的蔬菜预冷，一般多用水冷法。进入贮藏的蔬菜虽已经预冷，但仍带较多的热量，呼吸作用还没有稳定，库温会相应上升，因此应加强温度的调节，在短期内使蔬菜冷却到适宜的贮藏温度。贮藏库内应维持适宜的湿度，若湿度不足，可在库内冷气入口处，设置盛有清水或盐水的容器；也可常在室内喷水或设置各种加温器，使水分随着冷气流入，并蒸发扩散于库内；当库内湿度过大时，可用无水氯化钙或其他吸湿剂，也可用除湿机降湿，同时注意通风管理。

（3）化学药剂处理贮藏

蔬菜贮藏中所采用的药物一般属生长激素，或与植物激素相类似的物质，用其处理的主要作用是保绿防衰，抑制呼吸和后熟，抑制发芽和防止器官脱落，控制微生物的活动。

蔬菜贮运可应用的药物有下列 3 种。

①马来酰肼（NH），化学名称顺丁烯乙酰肼，俗称青鲜素，NH 对洋葱、大蒜、马铃薯、萝卜、胡萝卜等都有抑制发芽的效果。因为它的结构与核酸中的二氧嘧啶很相似，进入植物可代替后者的位置而阻止代谢产物的合成，从而抑制生长。洋葱在收前 10～14 d，喷药效果最好，浓度为 2 500 mg/kg 左右，马铃薯在收获前三周喷 3 000 mg/kg，甘薯收获前喷 5 000 mg/kg 均可抑制发芽，番茄在采收后用 1 000～2 000 mg/kg 的 NH 浸渍可延迟后熟。

②阿拉（AlarB6）或称比六，化学名称 2- 甲胺基琥珀酰胺酸。对一些果实采收前施用 B6 可增加果实硬度和可溶物，提早着色，成熟一致，但采收后处理无效。在蔬菜方面，叶用莴笋采后处理大大降低衰老，处理蘑菇后，可抑制蘑菇败坏和变色，还有助于保持菜豆以及其他植物叶片中的叶绿素。

③乙烯吸收剂，乙烯是一种植物天然激素，是作用最强熟致衰剂。因此，果蔬贮运中必须排除乙烯。根据乙烯易被氧化和卤代的特点，排除乙烯的方法可用以下化学吸收剂。其一是用高锰酸钾（$KMnO_4$），以硅藻土、蛭石、泡沫等作载体，与产品混合贮藏（互不接触）。高锰酸钾（$KMnO_4$）可氧化乙烯而使其失去活性，中国科学院北京植物研究所的研究显示，用泡沫砖作载体，用于黄瓜气调

贮藏，两者比重为 1∶（20～40）。另一种方法是用溴处理的活性炭过滤贮藏库内的空气使乙烯卤代成 2-溴乙烷而失去活性。

（4）化学防腐和涂被

蔬菜是易腐产品，在贮运过程中常因各种病菌的危害而引起腐烂变质。减轻采后病腐损耗，除做好田间卫生和病虫防治外，采前喷洒适当的杀菌剂、采后使用防腐剂处理，也十分重要。对贮藏包装容器应做好消毒，通常用 0.5% 漂白粉溶剂洗涤消毒，晾干后使用。气调贮藏帐内可用循环通气的方法，贮藏室一般可喷洒 0.3%～0.4% 浓度的福尔马林水溶液后密闭 24 h，或用硫黄熏蒸，密闭 24 h。果蔬菜后处理的防腐药物有托布津，使用浓度一般为 0.15%～0.20%；过氧乙酸溶液，使用浓度一般为 0.3%～0.5%；硼酸铵溶液 3%～5%，以上溶液多用于浸渍果蔬。代森锰、代森锰锌铬合剂、多菌灵都是杀菌防腐较好的药物。采后药物处理过的产品，应干燥后才可包装入贮，否则会使产品湿度太高，反而招致病害。涂被是在产品表面涂上一层很薄的蜡中胶质，可以加强产品原有表面覆盖层的保护作用，抑制水分蒸散和呼吸作用，增强表面光泽而提高商品性，是一种有效的商品处理和短期运输贮藏保护措施。涂被后的产品贮入时间不宜过长。涂被可采用乳化剂使石蜡或聚乙烯醇等乳化，或用虫胶配制的虫胶涂料，进行喷雾、浸渍或涂布，效果均较好。

（六）溯源管理

1. 追溯类型

按照追溯实现方式，追溯分为传统追溯方式和现代追溯方式。传统追溯方式是指生产经营者建立生产记录、购销记录、进货查验、索证索票等制度，以纸质档案的方式采集和留存生产、购销等生产经营相关信息，实现农产品质量安全追溯管理的方式。现代追溯方式是指生产经营者采用现代信息技术手段采集和留存生产、购销等生产经营相关信息，实现农产品质量安全追溯管理的方式。

按照追溯业务范围分为内部追溯和外部追溯。内部追溯是指一个组织在自身业务操作范围内对追溯单元进行追踪和（或）溯源的行为。外部追溯是指对追溯单元从一个组织转交到另一个组织时进行跟踪和（或）溯源的行为。

2. 追溯内容

追溯内容主要包括三部分：一是"人"的信息，即主体信息，包括生产主体和流通主体信息。主体为法人的，追溯信息包括生产经营者名称、地址、统一社会信用代码，法定代表人姓名、联系电话等。主体为自然人的，追溯信息包括生产经营者姓名、身份证号码（港澳台居民居住证号码）、地址、联系电话等。二是"物"的信息，即客体信息，主要追溯信息有蔬菜产品名称；蔬菜基地编号、蔬菜基地地址、蔬菜基地面积、蔬菜生产单元（地块、栋、棚）编号；投入品名称（种子或种苗、农药、肥料）、投入品购买日期、投入品供应商、投入品供应联系人、投入品供应联系电话；投入品使用日期、投入品用法、投入品用量、施药人姓名、农药防治对象；收获日期、收获数量、入库批次、检测日期、检测结论；销售日期、销售数量、出库批次。三是"交易"信息，即买卖信息，主要是实现交易物品与交易人的对应。

3.采集要求

信息采集应真实、准确、完整、及时、合规、安全。生产经营者应记录所在环节追溯信息及产品来源（向前一步追溯）、产品去向（向后一步追溯）信息。农产品质量安全追溯信息应至少保存2年。

四 通用环节质量安全控制措施

（一）人员管理

蔬菜生产对人员的要求因地区和行业而异。一般来说，蔬菜种植技术员需要熟悉蔬菜种植技术、病虫害防治技术，最好掌握绿色生产、有机农业种植技术；实际操作过温室大棚种植，熟悉大棚种植体系的优先；根据不同的种植模式，作物生长规律及特性，制定相应的作物种植解决方案，包括种、药、肥、水等，并负责全程。生产管理和操作人员应无传染性疾病，每年宜至少进行1次健康检查，合格后方可上岗。应对基地内从事植保、施肥等工作的技术人员进行专业的技术培训，并考核合格。不同生产区域宜专人负责，进入生产区域前，鞋底宜消毒，防止带入土传病害；生产工具不宜交叉混用，宜擦拭清洁，定期消毒。

（二）视频监控

生产视频监控可以监测蔬菜作物生长情况，及时发现病虫害等问题，提高作物产量和质量；通过视频监控画面远程查看作物的生长状态，及时调整农业生产计划；保障农产品质量安全，防止农产品被盗、损坏等。

（三）生产过程检查

生产基地应对照蔬菜生产及质量安全控制措施及相关要求，对投入品管理与使用、废弃物处理与处置、产品包装标识、产品质量安全检测、产品储存与运输管理、生产记录填写等环节进行自查，发现问题（隐患）及时整改。检查时应建立检查记录，至少包括检查内容、检查结果（发现问题）、整改措施、检查人、检查日期等信息。

（四）记录管理

生产基地应对照蔬菜生产及质量安全控制措施及相关要求，记录重点农事操作行为、农药肥料等投入品采购与使用、产品质量安全检测、废弃物处理与处置等情况，相关记录保存 2 年。有条件的宜建立电子档案。

第四章 蔬菜质量安全检测

蔬菜质量安全检测是评估蔬菜产品质量安全水平状况最科学有效的方法手段，随着科学技术的不断发展，检验检测技术水平也在不断提升，按照是否对待测物量化研究为目的的检测方法来分类，常见的检测方法可分为定量检测和定性检测，主要区别在于检验检测的目的、方法、速度、成本以及结果的准确性。

定量检测主要在实验室中进行，使用大型分析仪器设备和标准规定的方法对蔬菜质量安全进行精准检测分析。定量检测灵敏度、分辨率高，能够精确到农药残留、重金属、亚硝酸盐、真菌毒素等有毒有害物质的种类和含量，结果准确性有保证，但工作量大，检测周期较长，获取结果的速度较慢，对检测环境、条件的要求相对严格，仪器设备、试剂耗材的投入成本大，检测技术人员专业技术水平要求高，因此定量检测推广普及难度大，适用于需要对蔬菜样品进行精确深入分析的情况，如政府下达的监督抽查任务或机构（个人）委托的仲裁检测等。

定性检测主要是利用快速检测试纸或仪器对农产品中的农药残留、真菌毒素、亚硝酸盐等有毒有害物质进行快速筛查，这种检测方法常称之为快速检测方法。快速检测方法对检测环境、条件的要求相对宽松，仪器设备、试剂耗材的投入成本低，检测技术人员培训后即可上岗，检测周期短；但只能检测农药是否超标，无法精确到农药的具体含量，快速检测方法灵敏度低，可能出现假阳性，从而造成误判，因此，快速检测适用于批发市场、农贸市场、生产基地等场所对蔬菜进行初步筛查，快速判断农产品是否符合安全标准。

总体来说，定量检测适用于需要精确结果和深入分析的情况，而定性检测适用于快速筛查和初步判断，两者各有优势，根据不同的检测需求选择合适的方法。

一 定量检测

蔬菜产品定量检测是指依据标准等技术文件，通过使用仪器设备对农产品中的特定风险因子进行测定，以判断其是否满足国家食品安全限量标准的要求，从而评价农产品质量安全状况的一种技术手段和措施。这包括但不限于农药残留、违禁药物、重金属和生物毒素等风险因子的含量检测。此外，定量检测还包括样品的抽样、封存、运输、制备、保存等环节，以确保检测结果的准确性和可靠性。通过定量检测，可以排查风险隐患、掌握趋势变化，为农产品质量安全监管部门提供决策依据。

（一）样品采集

样品采集是检测工作具体实施的第一步，是抽取物质、材料或产品的一部分，作为其整体性代表样品来进行检测的一种规定程序。样品采集实施过程是否科学、规范，样品是否具有代表性，直接关系到检测结果是否能够真实反映整体样本的待测成分含量的实际情况，因此规范化的样品采集是保证检验检测结果准确、客观的先决条件。

种植业产品样品采集的各类标准、规范较多，部分内容交叉重复、有的内容各有侧重、有的要求不同，本章根据蔬菜产品在多种采样场合下的不同特点，结合实际操作情况，摘选NY/T 2103—2011《蔬菜抽样技术规范》、NY/T 789—2004《农药残留分析样本的采样方法》中的部分内容，更全面地介绍蔬菜样本在生产基地、生产企业和市场采集全程技术要点，方便读者参考。

1. 抽样原则

①随机性。抽出的用以评定整批产品的样品，应是不加任何选择的，按随机原则抽取的。

②代表性。抽样所得的样品应具有足够的代表性，应是以从整批产品中所取出的全部个别样品（份样）集成大样来代表整批产品，不应以个别样品（份样）、单株或单个个体来代表整批。抽样时，应避开病虫害等非正常植株。

③可行性。抽样的方法、使用的工具及样品数量应是合理可行、切合实际的，符合样品检验的要求，应在确保随机性、代表性的基础上做到快速、经济和可操作性强。

④公正性。抽样工作应在承担任务的机构主持下完成，抽样人员应亲自到现场抽样。受检单位人员可陪同抽样，但不应干扰已定抽样方案的实施。

2. 抽样准备

（1）编制抽样方案

根据抽检任务的要求，制定抽样方案。方案应包括抽样地点（区域、城市、抽样点）、抽样人员，抽样时间，所抽样品的名称和数量，抽样程序，所抽样品的编号、包装、处理和运输等。

（2）准备抽样用品

①文件类。抽检任务相关文件、抽样工作单、记录本和抽样人员的工作证件等。

②工具类。抽样袋、保鲜袋、纸箱或冷藏箱、标签、封条等，异地抽样还要准备样品缩分用的无色聚乙烯砧板或木砧板、不锈钢食品加工机或聚乙烯塑料食品加工机、高速组织分散机、不锈钢刀、不锈钢剪、旋盖聚乙烯塑料瓶、具塞玻璃瓶等。保证用具洁净、干燥、无异味，不会对样品造成污染。

3. 抽样地点与方法

（1）生产基地

当蔬菜种植面积小于 10 hm^2 时，每 1～3 hm^2 设为一个抽样批次；当蔬菜种植面积大于 10 hm^2，每 3～5 hm^2 设为一个抽样批次。在蔬菜大棚中抽样，每个大棚为一个抽样批次。每个抽样批次内根据实际情况按对角线法、梅花点法、棋盘式法、蛇形法等方法采取样品，每个抽样批次内抽样点不应少于 5 点。个体较大的样品（如大白菜、结球甘蓝），每点采样量不应超过 2 个个体，个体较小的样品（如樱桃番茄），每点采样量 0.5～0.7 kg。若采样总量达不到规定的要求，可适当增加采样点。每个抽样点面积为 1 m^2 左右，随机抽取该范围内同一生产方式、同一成熟度的蔬菜作为检测用样品。

注：一个基地如大棚数量多，则抽取部分大棚作为抽样单元。

（2）生产企业

从样品库中随机抽取同一生产（收获）日期的样品为一个抽样批次。

（3）批发市场

散装样品：视情况分层分方向结合或只分层或只分方向抽取样品为一个抽样批次。

包装产品：堆垛取样时，在堆垛两侧的不同部位上、中、下过四角抽取相应数量的样品为一个抽样批次。

（4）农贸市场和超市

同一摊位抽取的同一产地、同一种类蔬菜样品为一个批次。

注：为避免二次污染，尽可能从原包装中取样。

（5）注意事项

①选择抽样地点时，首先应确定一个预定的抽样点，同时还应确定一个备用抽样点。在预定的抽样点抽不到需要的样品时，可以用与预定抽样点大小相当、距离接近的备用抽样点代替。抽样点变更，应在抽样工作单的备注中注明。

②抽样点的分布应在所抽区域的不同方位，相同名称或同一企业的超市原则上只抽一家。

4. 抽样人员

抽样人员应经过培训，取得相应的资质。每一抽样点抽样人员不应少于2人，至少其中一人应负责对抽样工作程序的具体实施及相关情况的协调处理。

5. 抽样时间

（1）生产基地

根据不同蔬菜品种在其种植区域的成熟期来确定，抽样应安排在蔬菜成熟期或蔬菜即将上市前进行。在喷施农药安全间隔期内的样品不要抽取。抽样时间应选在9：00—13：00时或者15：00—17：00时。下雨天不宜抽样，设施栽培的蔬菜可酌情处理。

（2）批发市场

宜在批发或交易高峰时期抽样。

（3）农贸市场和超市

宜在抽取批发市场样品之前进行。

（4）生产企业

库房中有产品时抽样。

（5）注意事项

①任何抽样点在一个月内，某一种样品的抽样次数不能超过这种样品计划抽样次数。假如一种样品在一个月内、某一抽样点抽取2～3次，那么每次抽样时间要间隔几天。

②抽样时间应注意避开法定节假日。

6. 抽样量

（1）块根类和块茎类蔬菜

采集块根或块茎，用毛刷和干布去除泥土及其他黏附物。样本采集量至少为 6～12 个个体，且不少于 3 kg。代表种类有马铃薯、萝卜、胡萝卜、芜菁、甘薯、山药、甜菜、块根芹等。

（2）鳞茎类蔬菜

韭菜和大葱去除泥土、根和其他黏附物；鳞茎、干洋葱头和大蒜去除根部和老皮。样本采集量至少为 12～24 个个体，且不少于 3 kg。代表种类有大蒜、洋葱、韭菜、葱。

（3）叶类蔬菜

去掉明显腐烂和萎蔫部分的茎叶。菜花和花椰菜分析花序和茎。采集样本量至少为 4～12 个个体，不少于 3 kg。代表种类有菠菜、甘蓝、大白菜、莴苣、甜菜叶、花椰菜、萝卜叶、菊苣。

（4）茎菜类蔬菜

去掉明显腐烂和萎蔫部分的可食茎、嫩芽。大黄只取茎部。采集样本量至少为 12 个个体，且不少于 2 kg。代表种类有：芹菜、朝鲜蓟、菊苣、大黄等。

（5）豆菜类蔬菜

取豆荚或籽粒。采集样本量鲜豆（荚）不少于 2 kg，干样不少于 1 kg。代表种类有蚕豆、菜豆、大豆、绿豆、豌豆、芸豆、利马豆。

（6）果菜类（果皮可食）

除去果梗后的整个果实。采集样本量为 6～12 个个体，不少于 3 kg。代表种类有黄瓜、辣椒、茄子、西葫芦、番茄、黄秋葵。

（7）果菜类（果皮不可食）

除去果梗后的整个果实。采集样本量为 4～6 个个体。代表种类有哈密瓜、南瓜、甜瓜、西瓜、冬瓜。

（8）食用菌类蔬菜

取整个子实体。至少 12 个个体，不少于 1 kg。代表种类有香菇、草菇、口蘑、双孢蘑菇、大肥菇、木耳等。

（9）调味品类

整个食用部分。多点采不少于 0.2 kg（干样）或 0.5 kg（鲜样）。

7. 抽样程序

①到达抽样点后，抽样人员应主动向被抽单位出示有关抽样文件、抽样人员证件，说明抽样内容。

②随机抽取无明显损伤、腐烂、病菌、病虫害或其他表面损伤的蔬菜样品，抽样时应选择成熟度相同的样品。生产地不宜抽取完全成熟的样品。搭架引蔓的

蔬菜，取中段果实，叶菜类蔬菜去掉外帮，根茎类和薯类蔬菜取可食部分。除去泥土、黏附物及萎蔫部分。

③样品应进行购买，价格接近零售或略高，作为对耽误卖家时间和交易的补偿。生产地抽样时，应调查蔬菜生产和管理情况，市场抽样应调查蔬菜来源或产地。

④抽取不同样品时推荐使用一次性手套，每抽一个样品时更换一次。抽样全过程所有用具都要保证不会对样品造成二次污染。

⑤抽样人员要与受检单位人员共同确认样品的真实性和代表性，在现场认真填写抽样工作单，准确记录抽样的相关信息，双方签字，盖单位公章。抽样工作单一式四联，第一联留抽样单位，第二联留被抽单位，第三联随样品，第四联交任务下达单位。抽样工作单填写的信息要齐全、准确、字迹清晰、工整。

⑥如遇到抽样点关闭、天气状况等特殊情况造成不能抽样，或在规定时间内抽样点抽不到样品，应及时向任务下达单位汇报情况。

⑦抽取的样品应放入塑料袋中，装入样品后的塑料袋要密封，允许在塑料袋上打几个小孔通风。样品袋一旦打开后不能恢复原状。封条上标明封样时间，并由双方代表共同签字。

⑧样品袋上要加贴样品的标识。标识的内容包括样品名称、样品编号和抽样时间等。

⑨样品由抽样人员尽快带回实验室处理。

8. 抽样后样品运输

①高温季节样品运输应选择保持低温的容器。低温包装时，应使用适当的材料包裹样品，避免与冷冻剂接触造成冻伤。冷冻剂不可使用碎冰。

②样品应在 24 h 内运送到实验室，否则，应将样品缩分冷冻后运输。原则上不准邮寄和托运，应由抽样人员随身携带。

③除非征得实验室同意，样品不宜在周五或法定节假日前 1 d 送达。

④样品运输过程中，应有措施保证样品完整、新鲜、避免被污染。

（二）样品制备

1. 设施设备

①制样场所应洁净卫生，且与样品制备工作相适应，对可能存在相互影响的制样区域，应有效隔离。制备中产生粉尘的制样区域，应配有通风设施。对制样场所环境温度有要求的，应配备空调等温控设备。

②制样设备与器具应适用、清洁、易于清洗，不应对样品造成污染。常用设备与器具主要有样品粉碎匀浆机、组织捣碎机、粉碎机、研磨机、研磨钵；样品

烘箱、不锈钢刀具、砧板、样品筛、样品瓶等。

③重金属等元素检测样品制备宜采用陶瓷、玛瑙等材质的制样设备和尼龙筛；邻苯二甲酸酯类（塑化剂）检测样品制备时，应使用非塑料材质用具。

2. 取样部位

蔬菜类样品制备取样部位见表4.1。

表4.1 不同蔬菜取样部位

样品类型	类别说明	取样部位	
		农药残留检测	其他检测
鳞茎类	鳞茎葱类，大蒜、洋葱、薤等	可食部分	依据检测方法标准要求
	绿叶葱类，韭菜、葱、青蒜、蒜薹、韭葱等	整株	
	百合（鲜）	鳞茎头	
芸薹属类	结球芸薹属类，结球甘蓝、球茎甘蓝、抱子甘蓝、赤球甘蓝、羽衣甘蓝、皱叶甘蓝等	整棵，对于抱子甘蓝仅分析小甘蓝状芽	
	头状花序芸薹属，花椰菜、青花菜等	整棵，去除叶	
	茎类芸薹属，芥蓝、菜薹、茎芥菜等	整棵，去除根	
叶菜类	绿叶类，菠菜、普通白菜（小白菜、小油菜、青菜）、苋菜、蕹菜、茼蒿、大叶茼蒿、叶用莴苣、结球莴苣、苦苣、野苣、落葵、油麦菜、叶芥菜、萝卜叶、芜菁叶、菊苣、芋头叶、茎用莴苣叶、甘薯叶等	整棵，云除根	
	叶柄类，芹菜、茴香、球茎茴香等	整棵，去除根	
	大白菜	整棵，去除根	
茄果类	番茄类，番茄、樱桃番茄等	全果（去柄）	
	其他茄果类，茄子、辣椒、甜椒、黄秋葵、酸浆等	全果（去柄）	
瓜类	黄瓜、腌制用小黄瓜	全瓜（去柄）	
	小型瓜类，西葫芦、节瓜、苦瓜、丝瓜、线瓜、瓠瓜等	全瓜（去柄）	
	大型瓜类，冬瓜、南瓜、笋瓜等	全瓜（去柄）	
豆类	荚可食类，豇豆、菜豆、食荚豌豆、四棱豆、扁豆、刀豆等	全豆（带荚）	
	荚不可食类，菜用大豆、蚕豆、豌豆、利马豆等	全豆（去荚）	
茎类	芦笋、朝鲜蓟、食用大黄、茎用莴苣等	整棵	
根茎和薯芋类	根茎类，萝卜、胡萝卜、根甜菜、根芹菜、姜、辣根、芜菁、桔梗等	整根，去除顶部叶及叶柄	
	马铃薯	全薯	
	其他薯芋类，甘薯、山药、牛蒡、木薯、芋、葛、魔芋等	全薯	

（续表）

样品类型	类别说明	取样部位	
		农药残留检测	其他检测
水生菜	茎叶类，水芹、豆瓣菜、茭白、蒲菜等	整棵，茭白去除外皮	依据检测方法标准要求
	果实类，菱角、芡实、莲子（鲜）等	全果（去壳）	
	根类，莲藕、荸荠、慈姑等	整棵	
芽菜类	绿豆芽、黄豆芽、萝卜芽、苜蓿芽、花椒芽、香椿芽等	全部	
其他类	黄花菜（鲜）、竹笋、仙人掌、玉米笋等	全部	
干制蔬菜	脱水蔬菜、豇豆干、番茄干、马铃薯干、萝卜干、黄花菜（干）等	全部	
食用菌	蘑菇类，香菇、金针菇、平菇、茶树菇、竹荪、草菇、羊肚菌、牛肝菌、口蘑、松茸、双孢蘑菇、猴头菇、白灵菇、杏鲍菇等	整棵	
	木耳类，木耳、银耳、金耳、毛木耳、石耳等	整棵	
调味料	叶类，芫荽、薄荷、罗勒、艾蒿、紫苏、留兰香、月桂、欧芹、迷迭香、香茅、菱叶、马郁兰、夏香草等	整棵、去除根	
	干辣椒	全果（去柄）	
	果类，花椒、胡椒、豆蔻、孜然等	全果	
	种子类，芥末、八角、茴香、小茴香籽、芫荽籽等	果实整粒	
	根茎类，桂皮、山葵等	整棵	

3. 预处理

①取得的新鲜蔬菜样品去除杂物、腐烂与枯萎的部分；需去壳（荚）的蔬菜类样品应先去壳（荚）。

②用于农药残留检测的样品用干净纱布轻轻擦去样品表面的附着物。如果样品黏附有土壤等杂物，可用软刷刷除或干布擦除。

③用于元素检测的样品应先用自来水冲洗，再用 GB/T 6682《2008 分析实验室用水规格和试验方法》规定的二级实验用水冲洗 3 遍，最后用干净纱布轻轻擦去样品表面水分。

④需要干样检测时（用于农药残留检测的样品除外），可于 60~70℃烘干，同时测定烘干前后样品水分，按干样制备。

4. 缩分

个体较小的样品（如樱桃番茄）可随机取若干个切碎混匀；个体较大的样品（如大白菜、结球甘蓝）按其生长轴十字纵剖成4份，取对角线2份切碎，充分混匀；细长、扁平或组分含量在各部分有差异的样品，可在不同部位切取小片或截成小段后混匀。取得的样品切碎后采用四分法缩分，一般不少于1 kg。

5. 制备

①实验室样品应按检测项目所依据的方法标准要求制备；对于性状易变、待测组分不稳定等有检测时间规定的样品接收后应尽快安排制备；微生物样品按GB 4789.1《食品安全国家标准　食品微生物学检验　总则》及相关食品安全标准的规定执行。

②制备过程不应对样品产生污染。每处理完一个样品，应对制样器具进行清洁，避免交叉污染。

③含水量高的样品放入匀浆机匀浆；含水量较低、含糖量较高的样品，切细后用组织捣碎机或选择其他适宜的方法粉碎，制备好的样品按每份不少于100~300 g分装入洁净容器，密封并标识。农药残留计算需要计入果核重的，应在制备时，分别称取果肉和果核重量，并记录。

④干样取少量预处理和缩分后的样品放入洁净的粉碎机中粉碎，将其弃去，再用粉碎机粉碎剩余的样品，按相应检测标准要求，研磨至规定细度，并全部通过相应孔径样品筛，按每份50~100 g分装入洁净容器，密封并标识。检测生物毒素的样品应按上述方法粉碎过筛后，混合均匀，缩分，按每份100 g分装入洁净容器，密封并标识。

⑤制备好的样品分成试样、留样和备样（需要时），每份样品一般不少于100 g，分别盛装在洁净、容量合适的容器中，密封。待测组分不稳定的样品，宜分装多份，避免检测中反复冻融。

⑥盛装样品容器不应对样品产生污染，保存和流转中不易破损。宜选用聚乙烯、玻璃等惰性材质容器，需冷冻保存的样品不宜使用塑料袋盛装。

⑦制备好的样品需加贴样品标识，标识内容应包含样品名称、唯一性编号、样品性质（试样、留样、备样）、检测状态（待检、在检、检毕），必要时标识检测项目、样品状态和保存条件等。字迹清晰可辨，粘贴牢固，保证标识在流转和检测过程不脱落、不损坏。

⑧完成制备工作后，应及时清洁制样场所、设备和器具，防止残留物污染。

⑨样品制备应有记录，包含样品编号、制样时间、制样方法、试样制备前后

样品状态、制样人员、试样、留样、备样数量或质量等信息。

（三）样品保存及流转

蔬菜样品保存方法的正确与否直接关系到质量安全检测的成败。在质量安全检测过程中，样品的保存应科学有效，以确保被检测物质在样品检测全流程中含量基本保持不变，从而保证检测结果的可靠性。正确的保存技术对于评估蔬菜的质量安全至关重要，因为它们直接反映了蔬菜质量安全的真实情况，包括农药残留、微生物等关键指标，会随着样品保存环境条件不同发生很大变化。

样品保存应设有样品室（保存场所），且清洁、整齐、干燥、通风良好、有防虫、防鼠和防潮措施，避免阳光直晒，必要时采取防盗措施，防止样品丢失。样品室（保存场所）按样品保存要求配备相应的样品柜，冷库，冰箱，冰柜，空调，除湿机和温湿度监控等设施设备。样品室（保存场所）应专人管理，非相关人员未经允许不得进入。

样品制备前后均应根据样品特性、包装方式，以及检测项目所依据的方法标准要求规定保存样品，保证样品性质和待测物质保持稳定，感官检测样品原样保存，及时检验；微生物检测样品原样保存，尽快检验，若不能及时检验，应采取必要的措施，防止样品中原有微生物因客观条件的干扰而发生变化。药物残留等待测组分不稳定的样品均应冷冻保存，当天检测的试样可暂时冷藏保存。

试样、留样和备样的保存场所应区分，并标识。待检、在检和检毕样品分类存放，宜按检验类别、样品种类、检验项目等区分存放，便于查找，防止混淆。样品保存期间应定期检查，确认并记录保存环境条件，高温季节应做好降温和库内通风散热，防止样品受到污染、变质、丢失或损坏。

样品应放入冷藏箱或低温冰箱中保存。冷藏箱或低温冰箱应清洁，无化学药品等污染物。鲜样制备后若当日内检测，可冷藏保存，否则均需冷冻保存。干样一般放置于室温、阴凉干燥处保存。用于农药残留检测样品于 $-20\sim-16℃$ 冷冻保存。用于生物毒素检测的样品，应确保样品在安全水分以下，4℃以下冷藏避光密封保存。

检测人员根据检测要求领取试样，核对试样信息，检查试样数量、状态、包装密封等情况，领取符合要求的试样，做好记录；不符合检测要求的，应重新制备。样品流转过程中应检查和记录样品状态，如发现试样变质，损坏等异常状态，应按程序用留样检测。冷冻样本解冻后应立即检测，检测时要将样品搅匀后再称样。如果样品分离严重，应重新匀浆。待测组分不稳定的样品不宜多次解冻用于检测。检测完成后，应根据样品管理程序要求，及时返还（必要时），并记录样品状态和数量。

样品应至少保存到检验报告异议期结束后或产品规定保质期。政府下达的指令性检测任务或约定检测任务，样品保存时间按任务实施方案或合同要求执行。样品处置应按样品管理程序要求提出样品处置申请，批准后处置样品，并记录。在处置时应根据其特性，在保证对人员和环境健康安全没有影响的情况下，分类处理；当遇到具有危害性的样品，实验室无法自行处理时，应交由专业废弃物处理机构处置，并保留处理记录。

（四）定量检测

影响蔬菜产品质量安全的因素有很多，较为熟知的有农药残留、重金属污染、亚硝酸盐类、真菌毒素等，其中农药的种类最为繁多，目前已在我国登记农药有效成分700多种，农业生产中常用品种达100多种。近些年随着政府对食品质量安全要求的不断提升，标准化体系不断完善，相继更新、制定颁布了多项安全标准、检测方法标准。目前，虽然有些质量安全风险因子政府尚未制定安全限量值，但是大多数风险因子已有了科学、严谨的检测方法，下面根据待测质量安全风险因子的不同分类，将介绍农药残留、重金属、亚硝酸盐、真菌毒素的不同检测方法，供读者参考。

1. 农药残留检测

农药多种多样，按化学结构分，主要有有机氯、有机磷、有机氮、氨基甲酸酯、拟除虫菊酯、有机硫、酰胺类化合物、脲类化合物、醚类化合物、酚类化合物、苯氧羧酸类、肟类、三唑类、杂环类、苯甲酸类、有机金属化合物类等，都是有机合成农药；按用途主要可分为杀虫剂、除草剂、杀菌剂、杀鼠剂、杀软体动物剂、植物生长调节剂等；按原料来源可分为矿物源农药（无机农药）、生物源农药（天然有机物、微生物、抗生素等）及化学合成农药；根据加工剂型可分为粉剂、可湿性粉剂、乳剂、乳油、乳膏、糊剂、胶体剂、熏蒸剂、熏烟剂、烟雾剂、颗粒剂、微粒剂及油剂等。

蔬菜中的农药残留定量分析是在复杂的基质中对目标化合物进行鉴别和定量。农药残留定量分析的一般过程为提取－净化－检测。经典的农药残留分析步骤通常是：水溶性溶剂提取－非水溶性溶剂再分配－固相吸附柱净化－气相或液相色谱检测。其中提取和净化是前处理部分，样品前处理不仅要求尽可能完全提取其中的待测组分，还要尽可能除去与目标物同时存在的杂质，避免对色谱柱和检测器等的污染，减少对检测结果的干扰，提高检测的灵敏度和准确性。因此提取、净化是农药残留分析过程中一个十分重要的前处理步骤，其好坏直接影响分析结果的正确性和可靠性。

经典的提取、净化方法主要有：振荡浸取、组织捣碎、超声波提取、索氏提取、液-液分配、柱层析、共沸蒸馏等技术。随着科技的进步，样品前处理技术向着省时、省力、廉价、节省溶剂、减少对环境的污染、微型化和自动化方向发展。目前，我国农药残留研究和国家标准方法采用的样品提取、净化方法主要是固相萃取法和QuEChERS法。

农药残留定量检测是微量或痕量分析，必须采用高灵敏度的检测技术才能实现。自20世纪50年代，各国科学家就开始研究农药残留的检测方法。目前，常见的农药残留定量检测的分析方法主要有色谱法、色谱-质谱联用法、光谱法等。

色谱法是农药残留分析的常用方法之一，根据流动相的不同分为气相色谱法和液相色谱法。它根据分析物质在固定相和流动相之间的分配系数的不同达到分离目的，根据保留时间来表征不同物质进行定性，将分析物质的浓度转换成易被测量的电信号（电压、电流等），根据信号的强弱与标准物质已知含量对比进行定量。由于蔬菜基质复杂，在检测过程中容易出现干扰，所以单纯依靠保留时间来定性，容易出现假阳性。质谱技术依据质荷比和离子丰度比进行定性，极大地提高了定性准确度，所以将色谱与质谱技术相结合，发挥了色谱的高分离特点和质谱的强定性特点，进一步优化了农药残留检测的方法。

在蔬菜产品质量安全检验检测中，农药残留检测常用的仪器设备有色谱仪、色谱-质谱仪、荧光分光光度计等，检测检验中根据不同农药有效成分化学结构的特点，有机磷、有机氯主要用气相色谱仪检测，氨基甲酸酯类农药主要用液相色谱仪检测，随着检测方法、仪器设备的不断升级，色谱、质谱技术相结合，检测结果的准确性和精确度也在不断提升，下面分别介绍较为常用的几种检测方法，可根据仪器设备的不同予以选择。

（1）气相色谱法

气相色谱法是在柱层析基础上发展起来的一种检测方法，是色谱发展中最为成熟的技术。它以惰性气体为流动相，将经提取、纯化、浓缩后的残留农药注入气相色谱柱，升温汽化后，不同的农药在固定相中分离，经不同的检测器检测扫描绘出气相色谱图，通过保留时间来定性，通过峰或峰面积与标准曲线对照来定量，具有既定性又定量、准确、灵敏度高，并且一次可以测定多种成分的柱色谱分离技术，常用于检测分析有机磷和有机氯类农药。具体可参考GB 23200.116—2019《植物源性食品中90种有机磷类农药及其代谢物残留量的

测定　气相色谱法》。

（2）气相色谱-质谱联用法

气相色谱-质谱联用法是农药残留研究强有力的工具。气相色谱-质谱联用是将气相色谱仪和质谱仪串联起来作为一个整体的检测技术。样本中的残留农药通过气相色谱分离后，对它们进行质谱的从低质量数到高质量数的全谱扫描。根据特征离子的质荷比和质量色谱图的保留时间进行定性分析，根据峰高或峰面积进行定量，不但可将目标化合物与干扰杂质分开，而且可区分色谱柱无法分离或无法完全分离的样品。具体可参考 GB 23200.113—2018《植物源性食品中 208 种农药及其代谢物残留量的测定　气相色谱-质谱联用法》。

（3）液相色谱法

液相色谱法是以液体为流动相，利用被分离组分在固定相和流动相之间分配系数的差异实现分离，是在液相色谱柱层析的基础上，引入气相色谱理论并加以改进而发展起来的色谱分析方法，常用于检测分析氨基甲酸酯类农药。具体可参考 GB 23200.112—2018《植物源性食品中 9 种氨基甲酸酯类农药及其代谢物残留量测定　液相色谱-柱后衍生法》。

（4）液相色谱-质谱联用法

液相色谱-质谱联用法是利用内喷射式和粒子流式接口技术将液相色谱和质谱联接起来的方法。液相色谱在分离方面非常有效，而质谱允许分析物在痕量水平上进行确认和确证。此法对简单样品具有几乎通用的多残留分析能力，检测灵敏度高，选择性好，定性定量可同时进行，结果可靠。主要用于分析热不稳定、分子量较大、难于用气相色谱分析的样品，是农药残留分析中很有力的一种方法。具体可参考 GB 23200.121—2018《植物源性食品中 331 种农药及其代谢物残留量的测定　液相色谱-质谱联用法》。

2. 重金属检测

通常密度在 4.5 g/cm^3 以上的金属，称作重金属。原子序数从 23（V）至 92（U）的天然金属元素有 60 种，其中有 54 种的密度大于 4.5 g/cm^3，因此从密度的意义上讲，这 54 种金属都是重金属。但是，在进行元素分类时，其中有的属于稀土金属，有的划归了难熔金属。最终在工业上真正划入重金属的为 10 种金属元素：铜、铅、锌、锡、镍、钴、锑、汞、镉和铋。砷被归类为类金属，但由于其毒性及某些性质与重金属相似，因此在某些分类中被视为类金属或重金属。因而，世界公认毒性大、危害高的五种重金属是指铅、镉、汞、铬以及类金属砷，重金属非常难以被生物降解代谢，排出体外，相反却能在生物食物链的放大作用下，不断富集进入人体，在人体内能和蛋白质及酶等发生强烈的相互作用，使它们失去活性，也可能在人体的某些器官中累积，造成慢性中毒，引起人的头痛、头晕、失眠、健忘、神经错乱、关节疼痛、结石、癌症（如肝癌、肠癌、膀胱癌、乳腺癌、前列腺癌）和畸形儿等，对人体健康的危害非常大。

较为常见的重金属分析方法有：原子吸收光谱法（AAS）、原子荧光法（AFS）、电感耦合等离子质谱法（ICP-MS）、电感耦合等离子体发射光谱法（ICP-OES）、电感耦合等离子体法〔ICP）、X荧光光谱（XRF）、紫外分光光度法（UV）等。目前，在国家标准GB 2762—2022《食品安全国家标准 食品中污染物限量》中规定了新鲜蔬菜中铅、镉、汞、铬、砷的限量指标，下面介绍3种在农产品检测中常用的检测方法。

（1）原子吸收光谱法（AAS）

原子吸收光谱法是20世纪50年代创立的一种仪器分析方法，它与主要用于无机元素定性分析的原子发射光谱法相辅相成，已成为对无机化合物进行元素定量分析的主要手段。

原子吸收分析过程：将样品制成溶液（同时做空白）；制备一系列已知浓度的分析元素的校正溶液（标样）；依次测出空白及标样的相应值；依据上述相应值绘出校正曲线；测出未知样品的相应值；依据校正曲线及未知样品的相应值得出样品的浓度值。

由于计算机技术、化学计量学的发展和多种新型元器件的出现，使原子吸收光谱仪的精密度、准确度和自动化程度大大提高。由电脑控制的原子吸收光谱仪，简化了操作程序，节约了分析时间。已研制出气相色谱－原子吸收光谱（GC-AAS）的联用仪器，进一步拓展了原子吸收光谱法的应用领域。具体可参考GB 5009.12—2023《食品安全国家标准 食品中铅的测定》（第一法、第三法）。

（2）原子荧光法（AFS）

原子荧光光谱法是通过测量待测元素的原子蒸气在特定频率辐射能激下所产生的荧光发射强度，以此来测定待测元素含量的方法。

原子荧光光谱法虽是一种发射光谱法，但它和原子吸收光谱法密切相关，兼有原子发射和原子吸收两种分析方法的优点，又克服了两种方法的不足。原子荧光光谱具有发射谱线简单，灵敏度高于原子吸收光谱法，线性范围较宽，干扰少的特点，能够进行多元素同时测定。原子荧光光谱仪可用于分析汞、砷、锑、铋、硒、碲、铅、锡、锗、镉、锌等11种元素。现已广泛应用于环境监测、医药、地质、农业、饮用水等领域。在国标中，食品中砷、汞等元素的测定标准中已将原子荧光光谱法定为第一法。具体可参考 GB 5009.17—2023《食品安全国家标准 食品中总汞及有机汞的测定》（第一篇第一法）。

（3）电感耦合等离子体质谱法（ICP-MS）

ICP-MS 的工作原理基于电感耦合等离子体的高温电离特性。工作气体（通常是氩气）通过射频线圈产生高温等离子体，温度高达 8 000～10 000K，此温度下 80% 以上的元素都可以发生一级电离，形成单电荷正离子。ICP 具有单电荷离子产率高，双电荷离子、氧化物及其他多原子离子产率低的特点，是非常理想的离子源。离子通过接口部分进入质谱仪，根据质荷比不同进行分离和检测，从而实现高灵敏度的元素和同位素分析。具体可参考《食品安全国家标准 食品中多元素的测定》（GB 5009.268—2016 第一法）。

3. 真菌毒素检测

真菌毒素是真菌在生长过程中产生的具有毒性的次级代谢产物，目前世界上已知真菌毒素有四百多种，较为常见的包括黄曲霉毒素、玉米赤霉烯酮、脱氧雪腐镰刀菌烯醇、赭曲霉毒素、单端孢霉烯族毒素、伏马毒素、杂青霉素、橘青霉素等，这些真菌毒素可广泛污染农作物、植物及其副产品等，对人类和动物都有很大危害。

黄曲霉毒素（AFT）是黄曲霉和寄生曲霉等某些菌株产生的一类基本结构都含有二呋喃环和氧杂萘邻酮（又名香豆素）的化合物，二呋喃环为其毒性结构，氧杂萘邻酮可能与其致癌有关。目前已知的黄曲霉毒素衍生物有约 20 种，分别命名为 B_1、B_2、G_1、G_2、M_1、M_2、GM、P_1、Q_1、毒醇等。其中以 B_1 的毒性最大，致癌性最强，按毒性强弱顺序排列是 $AFB_1 > AFM_1 > AFG_1 > AFB_2 > AFM_2 > AFG_2$。黄曲霉毒素及其产生菌在自然界中分布广泛，谷物和油料作物的种子及加工产品、干鲜果品、调味品、烟草、乳及乳制品、肉类、鱼虾类和动物饲料中均能检出黄曲霉素，花生和玉米最容易受污染。产毒素的黄曲霉菌很容易在水分含量较高（水分含量低于 12% 则不能繁殖）的禾谷类作物、油料作物籽实及其加工副产品中寄生繁殖和产生毒素，使其发霉变质，人们误食这些食品或其加工副产品，又经消化道吸收毒素进入人体而中毒。AFT 能通过食料转移到动物的乳汁、肝、肾和肌肉组织中积留。AFT 属于超剧毒物质，其中 $AFTB_1$ 是目前已知致癌物质中致癌性最强烈的，能诱发动物肝癌，对某些动物能引起急性中毒致死。世界卫生组织国际癌症研究机构（IARC）将黄曲霉毒素（AFB_1、AFB_2、AFG_1 和 AFG_2）划分为 1 类致癌物。

玉米赤霉烯酮，又名 F-2 毒素，是一种霉菌毒素，最早从有赤霉病的玉米中分离得到。其产毒菌主要是镰刀菌属的菌株，主要由禾谷镰刀菌产生，粉红镰刀菌、串珠镰刀菌、三线镰刀菌等多种镰刀菌也能产生这种毒素。主要污染玉米、小麦、大米、大麦、小米和燕麦等谷物。玉米赤霉烯酮具有雌激素的作用，其强度为雌激素的 10%，可造成家禽和家畜的雌激素水平提高。目前发现，猪对此毒素较为敏感。玉米赤霉烯酮作用的靶器官主要是雌性动物的生殖系统，同时对雄性动物也有一定的影响。在急性中毒的条件下，对神经系统、心脏、肾脏、肝和肺都会有一定的毒害作用。主要的机理是它会造成神经系统的亢奋，在脏器当中造成很多出血点，使动物突然死亡，主要的原因还是由于雌激素水平过高造成的。2017 年 10 月，IARC 将玉米赤霉烯酮划分为 3 类致癌物。

脱氧雪腐镰刀菌烯醇（DON），又名脱氢瓜萎镰菌醇，属于单端孢霉烯族化合物，主要由禾谷镰刀菌、尖孢镰刀菌、串珠镰刀菌、拟枝孢镰刀菌、粉红镰刀菌、雪腐镰刀菌等镰刀菌产生。另外，头孢菌属、漆斑菌属、木霉属等的菌株都可产生该毒素。由于该毒素具有很高的细胞毒性及免疫抑制性质，因此，对人类及动物的健康构成了威胁，特别是对免疫功能具有明显的影响。根据 DON 的剂量和暴露时间不同可引起免疫抑制或免疫刺激。当人摄入了被 DON 污染的食物后，会导致厌食、呕吐、腹泻、发烧、站立不稳、反应迟钝等急性中毒症状，严重时损害造血系统造成死亡。由于中国传统饮食习惯中粮谷比例大大高于西方，使得该毒素的危害更为突出。2017 年 10 月，IARC 将脱氧雪腐镰刀菌烯醇划分为 3 类致癌物。

赭曲霉毒素包括 A、B、C、D 四种衍生物，是由曲霉属的 7 种曲霉和青霉属的 6 种青霉菌产生的一组重要的、污染食品的真菌毒素，其中毒性最大、分布最广、产毒量最高、对农产品的污染最重、与人类健康关系最密切的是赭曲霉毒素 A。赭曲霉毒素的毒性强弱顺序是：赭曲霉毒素 A＞赭曲霉毒素 C＞赭曲霉毒素 B。赭曲霉毒素 A 主要由纯绿青霉、赭曲霉和炭黑曲霉产生，主要污染小麦、玉米、大麦、燕麦、黑麦、大米、黍类、花生、豆类、动物饲料和动物性食品（如猪肾脏、肝脏）等。赭曲霉毒素 B 和赭曲霉毒素 C 在被污染物中的含量一般较低，对大多数动物的毒性较赭曲霉毒素 A 小，因此，检测时主要分析赭曲霉毒素 A 含量。产生赭曲霉毒素 A 的霉菌广泛分布于自然界，导致赭曲霉毒素 A 广泛分布于各种食品和饲料中。在寒带和温带地区，赭曲霉毒素 A 主要来源于青霉属的疣孢青霉；在热带地区，该毒素主要来源于赭曲霉。近年来发现，水果及果汁中的赭曲霉毒素 A 主要由碳黑瞌霉和黑曲霉产生。动物食用了含有赭曲霉毒素 A 的饲料，在其内脏、组织及血液中含有大量的赭曲霉毒素 A，赭曲霉毒素 A 对动物和人类的毒性主要有肾脏毒、肝毒、致畸、致癌、致突变和免疫抑制作用。IARC 将赭曲霉毒素 A 划分为 2B 类致癌物。

真菌毒素污染分布范围广，毒性大，热稳定性强，一般的加热温度不被破坏，其危害早已引起世界各国关注，常见的真菌毒素检测技术有以下几类。

（1）薄层层析法

薄层层析法是针对不同的样品，用适宜的提取溶剂将霉菌毒素从样品中提取出来，经柱层析净化，再在薄层板上层析展开、分离，利用霉菌毒素的荧光性，根据荧光斑点的强弱与标准比较测定其含量。薄层层析法样品前处理烦琐，且提取和净化效果不够理想，提取液中杂质较多，在展开时影响斑点的荧光强度。

（2）色谱法

色谱法一直是重要的真菌毒素的化学分析方法。现在比较普遍的真菌毒素的分析方法还是液相色谱法、液相色谱-质谱联用法、高效液相色谱-柱前衍生法、高效液相色谱-柱后衍生法。该法快速而准确，但需要昂贵的仪器设备，在专业检测机构的科研和调查分析、政府下达风险监测、监督抽查等情况下使用较多。具体可参考 GB 5009.22—2016《食品安全国家标准 食品中黄曲霉毒素 B 族和 G 族的测定》。

（3）免疫化学检测法

免疫学检测方法是基于抗体与抗原或半抗原之间的选择性反应而建立起来的一种生物化学分析法。通常具有高的选择性和很低的检出限，广泛用于各种抗原、半抗原或抗体的测定，一般可分为荧光免疫法、发光免疫法、免疫法及电化学免疫法等非放射免疫法和放射免疫法，其中在饲料霉菌毒素检测中应用较广的主要是酶联免疫吸附法和胶体金免疫层析法。

我国 GB 2761—2017《食品安全国家标准 食品中真菌毒素限量》中明确规定了包括黄曲霉毒素 B_1、黄曲霉毒素 M_1、脱氧雪腐镰刀菌烯醇、展青霉素、赭曲霉毒素 A 以及玉米赤霉烯酮在内的 6 种真菌毒素在食品原料和（或）食品成品可食用部分中的限量指标。目前，蔬菜中真菌毒素的限量指标及检测方法国家尚未制定，但在蔬菜质量安全检测过程中可参考目前国家已有的检测方法。

4. 硝酸盐、亚硝酸盐的检测

硝酸盐和亚硝酸盐是天然存在的化学物质，由氮和氧结合而成，广泛存在于自然环境中，是自然界中最普遍的含氮化合物，如蔬菜和水果，通常含有硝酸盐和亚硝酸盐，不同的蔬菜之间、同种蔬菜的不同产地、不同季节之间，硝酸盐和亚硝酸盐的含量也会有所不同，叶菜类中的香椿、菠菜、芹菜、芥菜等，根茎类中的莴苣、胡萝卜等，都是亚硝酸盐和硝酸盐含量比较多的蔬菜，豌豆、香蕉、西兰花、卷心菜、黄瓜、南瓜、茄子、草莓也含有硝酸盐，但含量较低。硝酸盐在微生物的作用下可还原为亚硝酸盐、N-亚硝基化合物的前体物质。外观及滋味都与食盐相似，肉类制品中允许作为发色剂、防腐剂限量使用。亚硝酸盐能使血液中正常携氧的低铁血红蛋白氧化成高铁血红蛋白，因而失去携氧能力而引起组织缺氧。成人食入 0.2～0.5 g 的亚硝酸盐即可引起中毒，3 g 导致死亡。同时食道癌与患者摄入的亚硝酸盐量呈正相关性，亚硝酸盐的致癌机理是：在胃酸等环境下亚硝酸盐与食物中的仲胺、叔胺和酰胺等反应生成强致癌物亚硝胺。亚硝胺还能够透过胎盘进入胎儿体内，对胎儿有致畸作用。新鲜的蔬菜、水果硝酸盐和亚硝酸盐含量不高，许多蔬菜和其他植物性食物含有的物质抑制肠道中亚硝基化合物的形成。这些物质包括不同的抗氧化剂如维生素 C、维生素 E、多酚类等，能将部分亚硝酸盐还原为对人体无害的一氧化氮。但贮存过久、腐烂或煮熟后放置过久及刚腌渍不久的蔬菜中亚硝酸盐的含量会大幅增加，该情况下食用容易导致中毒；也应尽量不吃隔夜的蔬菜，少食用深加工肉类制品，从而可减少硝酸盐和亚硝酸盐的摄入。2017 年 10 月，IARC 将硝酸盐及亚硝酸盐划分为 2A 类致癌物。

硝酸盐和亚硝酸盐的检测方法有多种，如：离子色谱法、分光光度法、紫外分光光度法、高效液相色谱法、化学发光法、电化学法等，食品检测中常用的检测方法如下。

（1）离子色谱法

蔬菜样品采用相应的方法提取和净化，以氢氧化钾溶液为淋洗液，阴离子交换柱分离硝酸盐和亚硝酸盐，电导检测器或紫外检测器检测。以保留时间定性，外标法定量。此方法高灵敏度和高分辨率，可以同时检测多种离子，非常适合环境样品分析，但设备成本高，操作相对复杂，需要专业人员进行。具体可参考 GB 5009.33—2016《食品安全国家标准 食品中亚硝酸盐与硝酸盐的测定》（第一法）。

（2）分光光度法

亚硝酸盐采用盐酸萘乙二胺法测定，硝酸盐采用镉柱还原法测定。试样经沉淀蛋白质、除去脂肪后，在弱酸条件下，亚硝酸盐与对氨基苯磺酸重氮化后，再与盐酸萘乙二胺偶合形成紫红色染料，外标法测得亚硝酸盐含量。采用镉柱将硝酸盐还原成亚硝酸盐，测得亚硝酸盐总量，由测得的亚硝酸盐总量减去试样中亚硝酸盐含量，即得试样中硝酸盐含量。具体可参考 GB 5009.33—2016《食品安全

国家标准　食品中亚硝酸盐与硝酸盐的测定》（第二法）。

（3）紫外分光光度法

用pH值9.6～9.7的氨缓冲液提取样品中硝酸根离子，同时加活性炭去除色素类，加沉淀剂去除蛋白质及其他干扰物质，利用硝酸根离子和亚硝酸根离子在紫外区219 nm处具有等吸收波长的特性，测定提取液的吸光度，其测得结果为硝酸盐和亚硝酸盐吸光度的总和。鉴于新鲜蔬菜、水果中亚硝酸盐含量甚微，可忽略不计，测定结果为硝酸盐的吸光度。可从工作曲线上查得相应的质量浓度，计算样品中硝酸盐的含量。具体可参考GB 5009.33—2016《食品安全国家标准　食品中亚硝酸盐与硝酸盐的测定》（第三法）。

二　定性检测

蔬菜产品的快速检测技术又被称为定性检测，常用于检测蔬菜产品中的农药残留是否合格。相对于实验室里常见的色谱、质谱等定量分析技术，定性检测的检测成本低、周期短、易上手，因此定性检测常被用于生产基地、生产企业、批发市场或农贸市场等场所对所售蔬菜产品的质量安全进行快速筛查，给监管部门对农产品产前、产中、产后的监督工作带来了许多方便。

（一）样品采集

1. 抽样原则

抽样按照随机性、代表性、可行性、公正性的原则，由有抽样经验的抽样人员亲自到现场抽样。

2. 抽样准备

抽样工作单、记录本、抽样人员的工作证件、样品袋、保鲜袋、纸箱或冷藏箱，不锈钢刀、不锈钢剪刀、记号笔、签字笔等。

3. 布点原则和抽样方法

（1）布点原则

按照产地面积和地形不同，采用随机法、对角线法、五点法、Z形法、S形法、棋盘式法等进行多点采样。

（2）采样方法

①块根类和块茎类蔬菜（马铃薯、萝卜、山药等），采集块根或块茎，去除泥土及其他黏附物。

②鳞茎类蔬菜（大蒜、洋葱、韭菜、葱），去除泥土、根和其他黏附物；鳞

茎、干洋葱头和大蒜去除根部和老皮。

③叶类蔬菜（菠菜、甘蓝、大白菜、花椰菜等），去掉明显腐烂和萎蔫部分的茎叶。菜花和花椰菜分析花序和茎。

④茎菜类蔬菜（芹菜、菊苣、大黄等），去掉明显腐烂和萎蔫部分的可食茎、嫩芽。

⑤豆菜类蔬菜（蚕豆、大豆、绿豆、豌豆等），取豆荚或籽粒。

4. 样品类别和测试部位

样品类别和测试部位按照 GB 2763《食品安全国家标准　食品中农药最大残留限量》要求确定。

所有样品类别以常规蔬菜为主，包括但不限于豇豆、韭菜、芹菜、辣椒、番茄、茄子、甜椒、黄瓜、苦瓜、西葫芦、菜豆、扁豆、叶用莴苣、油麦菜、大白菜、普通白菜（小白菜、小油菜）、茼蒿、菠菜、蕹菜、结球甘蓝、羽衣甘蓝、花椰菜、青花菜、菜薹、芥蓝、萝卜、胡萝卜、西甜瓜、草莓等。食用菌主要包括香菇、平菇、双孢菇、金针菇、草菇、黑木耳（含毛木耳），要求均为鲜品。

测试部位为可食部位。

5. 采样时间

样品采集为 9：00—12：00 和 14：00—17：00 为宜，避免浓雾、暴晒和大雨等极端天气。

6. 采样重量

满足快速检测要求即可。一般 300~500 g，单个个体或叶片不少于 5 个（片）。基于风险最大原则，尽量采集可能受到农药残留及其他污染物污染的部位。

7. 样品编号

编号应简单易懂，可以采用时间＋地点＋序号的形式编写。

8. 采样记录

应包括以下基本内容。

①样品名称、种类、品种。

②样品编号。

③采样日期、时间。

④采样地点。

⑤样品基数及采样数量。

（二）样品检测

1. 检测方法原理及特点

常见的定性检测方法有免疫胶体金检测法、酶抑制法、酶联免疫检测法、拉曼光谱检测法、时间分辨法等，下面将其原理及优缺点予以简单介绍。

（1）免疫胶体金检测法

该方法又叫"农残"快速检测卡法，应用了竞争抑制免疫层析的原理，样本中的"农药抗原"在流动的过程中与胶体金标记的特异性单克隆抗体结合，抑制了抗体和 NC 膜检测线上"农药"—蛋白偶联物的结合。如果样本中"农药"含量大于检测限，检测线不显颜色或显色明显浅于质控线，结果为阳性。反之，检测线显色深于质控线或与质控线显色一致，结果为阴性。其优点为靶向性强，准确率高，操作时间短，对人员要求低；缺点是检测成本相比酶抑制法试剂要高。

（2）酶抑制法

该方法是较为传统、使用较为广泛的一种定性检测方法。胆碱酯酶可以使乙酰胆碱水解生成胆碱和乙酸，水解产物与显色指示剂作用使溶液显色。有机磷及氨基甲酸酯类农药可以抑制胆碱酯酶的活性，如果胆碱酯酶活性被抑制，则不能使乙酰胆碱水解，不能与显色剂作用，溶液就会成为浅黄色或无色，反之，溶液就会成为黄色或深黄色。其优点为检测试剂成本较低，可以检测有机磷和氨基甲酸酯两大类；缺点是稳定性差，灵敏度低，抗干扰能力差，容易出现假阳性，靶向性弱，结果无法反映具体是什么农药不合格。

（3）酶联免疫检测法

该方法是将抗原抗体的特异性免疫反应与酶的催化反应相结合的免疫检测技术，利用酶标技术标记抗原或抗体，通过显色反应，用以检测相应的抗体或抗原，对其进行定性或定量分析。其优点为可以做到半定量，高通量；缺点是反应时间长，对人员操作要求高。

（4）拉曼光谱检测法

该方法通过分析样品分子与入射光相互作用产生的散射光，获取样品的分子结构和化学信息。拉曼检测是一种非弹性散射光谱技术，当激光照射样品时，会与样品中的分子发生相互作用，产生散射光。这些散射光中有一部分是拉曼散射光，它与样品的分子结构密切相关。通过对拉曼散射光的分析和解析，可以获得样品的分子结构和化学信息，从而检测农药的存在和成分。其优点为无须样品前处理，检测效率高，准确率高；缺点是仪器成本较高，相对农残来说使用的范围窄。

（5）时间分辨法

该技术是一种用于测量事件发生时间或时间间隔的方法，能够精确测定物质发射或吸收荧光的时间，从而揭示微观事件的动态过程。荧光物质吸收激发光的能量后，电子从基态跃迁到激发态，当其恢复至基态时，以发射光形式释放出能量（发射光波长＞入射光波长），停止入射光后发光现象也随即消失，具有这种性质的出射光就称为荧光。

发射光谱（Emission spectrum）：固定激发波长，在不同波长下记录的样品发射荧光的强度。

激发光谱（Exaction spectrum）：固定检测发射波长，用不同波长的激发光激发样品记录的相应的荧光发射强度。

斯托克斯位移（Stokes shift）：通常情况下荧光光谱较相应的吸收光谱红移，可用相同电子跃迁在吸收光谱和发射光谱中最强波长间的差值表示。

通过使用超快脉冲激光器产生极短脉冲的激发光源，与待测光子的时间尺度相匹配，从而实现高精度的时间分辨测量。其优点为特异性强、灵敏度高、标准曲线范围宽、分析速度快、标记物制备简便且有效使用期长，且无放射性污染；缺点是设备昂贵，初始投资较大，适用范围有限，虽然该技术灵敏度高，但对于某些特定类型的样品或成分可能仍存在检测限制。

2. 操作要求

近些年，经过政府不断地对农产品质量安全监管多方位的深入，推进农产品生产规模化、标准化，科学化，蔬菜生产过程中常用农药种类，用药习惯也在发生变化，高毒性、禁用农药的使用得到显著控制，有机磷类、氨基甲酸酯类农药检出率、超标率不断下降。酶抑制法检测的是有机磷和氨基甲酸酯类农药的总和，当生产者使用有机氯类或其他种类农药时就无法筛查出。随着生产者使用农药情况发生变化，定性检测技术也在随之改变、进步。免疫胶体金检测法能够针对不同区域、不同蔬菜生产过程中常用农药、高风险参数有针对性检测，靶向性强，准确率高，从而使蔬菜质量安全农药风险因子筛查更有效。下面具体介绍这两种检测方法的操作要求及步骤。

（1）免疫胶体金检测法（图4.1）

利用竞争抑制免疫层析的原理，样本中的目标物在层析的过程中与胶体金标记的特异性抗体结合，抑制了抗体和硝酸纤维素膜（NC膜）检测线（T线）上半抗原—蛋白偶联物的结合，从而导致检测线颜色深浅的变化。通过检测线的颜色深浅变化或与控制线（C线）颜色深浅比较，对样品中的目标物进行判定。

可定性检测克百威（蔬菜禁用）、戊唑醇、吡虫啉、涕灭威（蔬菜禁用）、嘧霉胺、氟虫腈（禁用）、百菌清、腐霉利、啶虫脒、哒螨灵、毒死蜱（蔬菜禁用）、烯酰吗啉、三唑磷（蔬菜禁用）、多菌灵、甲氰菊酯、苯醚甲环唑等农药残留项目。

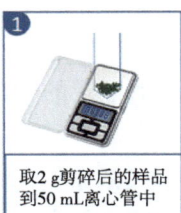
取2 g剪碎后的样品到50 mL离心管中

充分震荡混匀后即为待测液

抽吸5～10次混匀

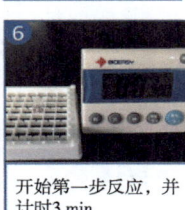
开始第一步反应，并计时3 min

将试纸条插入红色微孔中

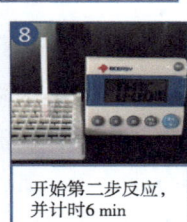
开始第二步反应，并计时6 min

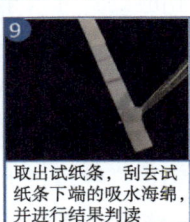
取出试纸条，刮去试纸条下端的吸水海绵，并进行结果判读

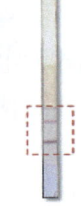

结果判定

检测线（T线）与控制线（C线）颜色深浅比较	结果判断	结果分析
T线＞C线	阴性	说明检测的样品中待测农药组分残留量低于本产品的检出限
T线≤C线或T线不显色	阳性	说明检测的样品中待测农药组分残留量等于或高于本产品的检出限

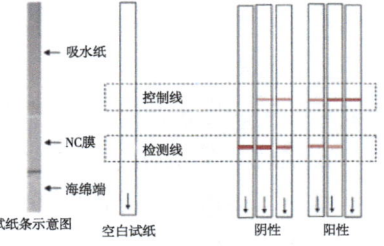

图 4.1　免疫胶体金检测法示意图

检测步骤如下。

①检测前样本应恢复至室温（20～30℃），取新鲜样本擦去泥土，剪碎成小于1 cm见方的碎片，称取（2.00 ± 0.05）g样本至50 mL离心管中。

②在离心管中再加入8 mL提取液，盖上盖子。

③使用涡旋仪涡动或手动上下振荡离心管1 min，静置5 min得提取液。根据检测需求，按照不同厂家说明书要求稀释，即得待检液。

④用一次性吸管吸取待测液，垂直缓慢滴加约200 μL于加样孔（红色微孔）中。

⑤将加样孔中待测液抽吸5～10次，使其充分混匀。

⑥开始第一步反应，计时 3 min 结束。

⑦从原包装袋中取出试纸条，打开后请立即使用，将其插入红色微孔中，开始计时 6 min，等其充分反应。

⑧反应结束后，取出试纸条，查看对比，得出检测结果，并记录。

实验前请仔细阅读配套的使用说明书，不同生产厂商试纸条的检测操作要求略有不同，具体操作按照使用说明书执行。

（2）酶抑制法

在一定条件下，有机磷和氨基甲酸酯类药物对胆碱酯酶正常功能有抑制作用，其抑制率与药物的浓度相关，正常情况下，酶催化神经传导代谢产物（乙酰胆碱）水解，其水解产物与显色剂反应，产生黄色物质，通过抑制率可以判断出样品中是否有高剂量有机磷或氨基甲酸酯类药物的存在（图 4.2）。

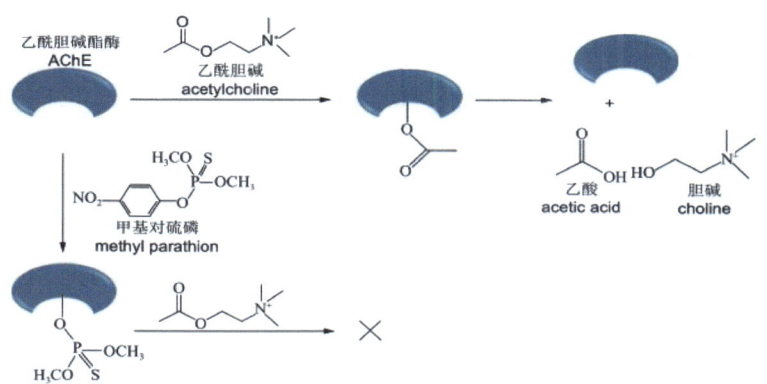

图 4.2 酶抑制法原理示意图

可定性检测敌敌畏、对硫磷（禁用）、辛硫磷、甲胺磷（禁用）、马拉硫磷、乐果、氧乐果（限用）、甲基异柳磷（禁用）、灭多威（限用）、丁硫克百威（蔬菜禁用）、敌百虫、呋喃丹等农药残留项目。

检测步骤如图 4.3 所示。

①检测前样本应恢复至室温（20～30 ℃），取新鲜样本擦去泥土，剪碎成 1 cm 左右见方的碎片，块茎类取横截面样品或取其表皮进行样品检测。

②称取（2.00 ± 0.05）g 制备好的样本至 50 mL 三角瓶中，再加入 10 mL 缓冲液，使用涡旋仪涡动或手动振荡 1～2 min。

③将提取液倒入反应瓶中，静置 2 min，待测。若提取液浑浊或杂质较多可过滤后再测。

④在反应瓶中加入 5 mL 缓冲液，再分别加入 200 μL 酶液和显色剂，混匀，静置。

⑤静置反应 10 min 后加入 200 μL 底物，摇匀并立即倒入比色杯中，及时放入仪器的测量室，合盖，调零。

⑥计时 3 min，查看显示屏上显示的吸光度，并记录，对照判定限，得出检测结果合格与否。

实验前请仔细阅读配套的使用说明书，不同生产厂商检测操作要求略有不同，具体按使用说明书执行。

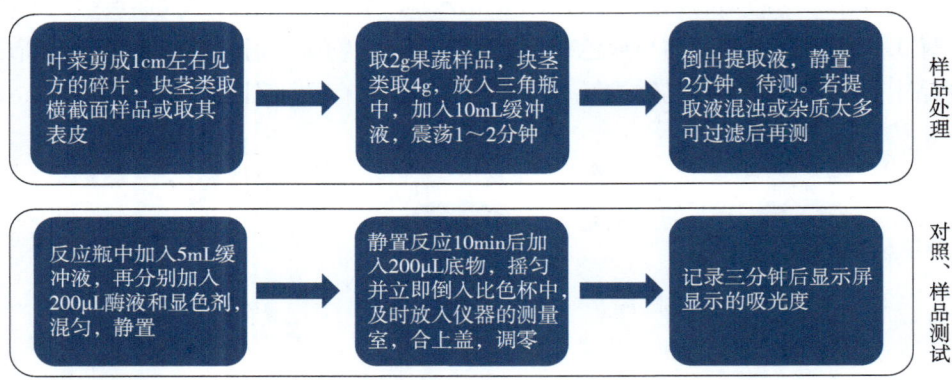

图 4.3　酶抑制法操作示意图

第五章 蔬菜贴标上市

当今社会，农产品质量安全是每一位消费者最为关心的问题之一。当我们走进市场挑选新鲜蔬菜时，心中总是怀揣着对蔬菜品质和安全的期待或担忧。为了加强对蔬菜等农产品的质量安全监管，相关部门采取了一系列措施。其中，推行承诺达标合格证制度是一项具有深远意义的措施。2022年，承诺达标合格证写入了新修订的《中华人民共和国农产品质量安全法》中，蔬菜产品的承诺达标合格证，就像是蔬菜的"身份证"，为我们的健康饮食提供了一份重要的保障。本章重点介绍了承诺达标合格证的概念、推行承诺达标合格证制度的意义、承诺达标合格证发展历程、承诺达标合格证开具要求等，供各位读者了解和参考。

一 承诺达标合格证概念

根据2016年农业部门发布的《食用农产品合格证管理办法（试行）》，食用农产品合格证是指食用农产品生产经营者对所生产经营食用农产品自行开具的质量安全合格标识。

2019年12月17日，农业农村部印发《全国试行食用农产品合格证制度实施方案》的通知，决定在全国试行食用农产品合格证制度。

2021年11月3日，农业农村部印发《农业农村部办公厅关于加快推进承诺达标合格证制度试行工作的通知》，明确将合格证名称由"食用农产品合格证"调整为"承诺达标合格证"。

2023年4月26日，农业农村部、国家市场监督管理总局联合发文《关于加强新修订〈中华人民共和国农产品质量安全法〉有关规定衔接工作的通知》，明确了食用农产品收购者也要开具承诺达标合格证。根据通知内容，食用农产品承诺达标合格证是指食用农产品生产者、收购者根据国家法律法规、农产品质量安全国家强制性标准，在严格执行现有的农产品质量安全控制要求的基础上，对所生产、销售的食用农产品根据质量安全控制或检测结果等依法批批开具并出具的质量安全合格承诺证。

二　推行承诺达标合格证制度的意义

建立与市场准入制度相衔接的食用农产品合格证管理制度，推动生产经营者采取一系列质量控制措施，确保其生产经营的农产品质量安全，并以合格证的形式做出明示保证，有利于规范食用农产品生产经营行为，有利于形成有效的倒逼机制，这既是落实生产经营主体责任的迫切需要，又是构建农产品质量安全长效监管机制的现实需求，更是落实《中华人民共和国农产品质量安全法》的必然选择，对于促进农业产业健康发展、确保农产品消费安全具有重大意义。

食用农产品合格证制度是农产品种植养殖生产者在自我管理、自控自检的基础上，自我承诺农产品安全合格上市的一种新型农产品质量安全治理制度，是农产品质量安全源头治理的重要举措，是提高农产品质量安全水平的有效手段。农产品种植养殖生产者在交易时主动出具合格证，实现农产品合格上市、带证销售。通过合格证制度，可以把生产主体管理、种养过程管控、农药兽药残留自检、产品带证上市、问题产品溯源等措施集成起来，强化生产者主体责任，提升农产品质量安全治理能力，更加有效地保障质量安全。

承诺达标合格证制度是顺应新形势新要求、加强农产品质量安全工作的重要制度创新。一是更好落实生产者主体责任。确保农产品质量安全，最关键的是生产者切实落实主体责任，特别是在农产品生产过程中严格执行投入品使用等强制性规定，保证销售的农产品符合国家质量安全强制性标准。二是更好促进产地与市场有效衔接。农产品"从农田到餐桌"要经过诸多环节，确保流通中的农产品来源可溯、去向可追，是实现质量安全责任可究的前提条件。承诺达标合格证既包含农产品的质量安全信息，也包含生产者的具体信息，从事农产品购销的各类主体据此可说清所经营农产品的来源。三是增加一道质量安全防线。生产者和对农产品进行混装或分装销售的收购者在每批次产品上市时开具承诺达标合格证，有利于把自警自律融入日常。从事农产品购销的各类主体建立收取保存和查验承诺达标合格证的制度，有利于对农产品生产者落实主体责任形成常态化的倒逼机制。根据承诺达标合格证上的相关信息，有关部门可以实施更有效、更精准的监管，社会各方面可以更方便地行使监督权力。这些自律、他律和国律的力量汇聚起来，是一道新的质量安全防线。

承诺达标合格证的开具不仅是对生产者质量控制的自我监督，也是对消费者权益保护的重要措施，同时也是农产品质量安全监管的重要工具。一是承诺标识，是农产品生产经营主体对消费者和社会的承诺，具有一定的法律效力和自我约束作用。通过开具合格证，生产者向市场和消费者明确表明其产品的质量安全达到了规定的标准，这是一种信誉的体现。二是溯源凭证，标明了产品的身份，包含了产品的基本信息，是追溯的凭证依据。通过承诺达标合格证可以查看承诺内容、承诺依据、产品名称、产地、生产者等信息，出现问题时，可以通过合格证快速定位问题源头，实现生产、流通各环节来源可查询、去向可追踪，有利于进一步完善农产品追溯制度。三是监管利器，农业农村部门和市场监督管理部门可通过合格证及时共享检测结果、产地来源等信息，各司其职，环环管控，实现产地准出和市场准入无缝对接，有效实施农产品从农田到餐桌的全程质量安全监控。有助于加强监管力度，确保农产品的质量安全。四是可保障消费者权益，合格证的开具和使用，能够确保广大消费者切身利益，是确保舌尖上的安全。通过合格证，消费者可以更加放心地购买和使用农产品，保障自身权益。

三 承诺达标合格证发展历程

2016年7月，农业部颁发《食用农产品合格证管理办法（试行）》，在部分省开展合格证管理试点工作，推动生产经营者采取质量控制措施，确保其生产经营的农产品质量安全，并以合格证的形式做出明示保证。2016年到2019年期间，在农村部统一组织下，优先选择具有一定工作基础、农产品生产供应量较大的河北、黑龙江、浙江、山东、湖南、陕西等六个农业大省开展了食用农产品合格证管理试点。试点的主要目的是从制度设计和实践操作上探索合格证制度的可行性，通过先行先试、典型示范等，在农产品质量安全全程监管上探索出一套能落地、可操作、可复制的制度措施和经验做法。坚持面上整体推进与点上重点推进相结合，按照《食用农产品合格证管理办法（试行）》的要求，积极探索食用农产品合格证管理的有效模式。

2019年4月，农业农村部在浙江省台州市召开全国食用农产品合格证制度试点工作现场会暨座谈会，时任农业农村部副部长于康震出席会议并讲话。会议系统总结合格证制度试点工作成效和经验，深入分析存在的问题和困难，进一步完善合格证制度设计，研究全面试行工作方案。

2019年12月，农业农村部印发《全国试行食用农产品合格证制度实施方案》，决定在全国试行食用农产品合格证制度。同年12月27日，农业农村部召开全国试行食用农产品合格证制度工作部署视频会议，全面部署食用农产品合格证制度试行工作。会议强调，各地农业农村部门要从五个方面扎实做好合格证制度试行工作。一是全国试行，聚焦重点品种、重点主体和重点问题，力争用3年左右的时间取得明显成果。二是细化试行方案，制定时间表路线图，建立主体名录，广泛宣传发动。三是分级分层开展大培训，确保掌握合格证内涵要义和开具要求。四是因地制宜，开拓创新，探索行之有效的推进办法。五是强化日常检查，严格执法监管，开展网格化管理，严厉打击虚假开证、冒用他人名义等行为，严防不合格农产品进入市场。

2020年，是农业农村部在全国试行食用农产品合格证制度开局之年。农业农村部印发《全国试行食用农产品合格证制度实施方案》（以下简称《实施方案》）。《实施方案》明确，在全国范围试行食用农产品合格证制度，督促种植养殖生产者落实主体责任、提高农产品质量安全意识，探索构建以合格证管理为核心的农产品质量安全监管新模式，形成自律国律相结合的农产品质量安全管理新格局。《实施方案》明确了三个基本原则。一是坚持整体推进、因地制宜。按照全国"一盘棋"要求，在全国范围内统一试行，统一合格证基本样式，统一试行品类，统一监督管理，实现在全国范围内通查通训。各地根据实际，探索行之有效的推进办法。二是坚持突出重点、逐步完善。在试行主体上，选择农产品市场供给率高、商品化程度高的种植养殖生产者，在试行品类上，选择消费量大、风险隐患高的主要农产品先行开展试行。边试行、边改进，取得经验后逐步放大。三是坚持部门协作、形成合力。农业农村部门负责督促指导合格证开具和出具工作，同时与市场监管部门做好协调配合，逐步实现合格证制度与市场准入有效衔接。《实施方案》明确，食用农产品生产企业、农民专业合作社、家庭农场列入试行范围，其农产品上市时要出具合格证。鼓励小农户参与试行。试行品类为蔬菜、水果、畜禽、禽蛋、养殖水产品。《实施方案》还明确了合格证的基本样式、承诺内容、开具方式、开具单元等。各地农业农村部门扎实推进食用农产品合格证制度试行工作。

2021年，"食用农产品合格证"被调整为"承诺达标合格证"。这一调整旨在进一步明确食用农产品合格证制度的核心要求与目标。通过将合格证名称由"食用农产品合格证"更改为"承诺达标合格证"，农业农村部对合格证的参考样式进行了优化，以充分体现"达标"的内涵，并突出"承诺"的要义。这次调整还涉及调整承诺内容，增加承诺依据，确保坚持"谁生产、谁用药、谁承诺"的原则。这一原则要求种植养殖者作出承诺，自主开具合格证，而乡镇农产品质量安全监管公共服务机构、村（社区）委员会、检测机构、农产品批发市场等不应代替种植养殖者开具。此外，这一调整也是为了贯彻落实《中华人民共和国农产品质量安全法》的修订内容，提升农产品质量安全监管水平。各级农业农村部门被要求高度重视承诺达标合格证制度的试行工作，加快推进步伐，确保试行工作落实到位。这一过程中，生产主体的质量安全控制要求被明确提出，包括建立质量安全责任制，确保关键岗位生产人员健康证齐全且有效，以及积极推动实施落实国家农产品质量安全管理要求和标准化生产操作规范。通过这一系列的调整和要求，旨在建立一个以合格证管理为核心的食用农产品生产主体全程溯源体系，进一步落实食用农产品生产经营者的主体责任，确保农产品的质量和安全。

2023年1月1日起施行的新《中华人民共和国农产品质量安全法》明确提出实施农产品质量安全承诺达标合格证制度。承诺达标合格证制度是加强农产品质量安全工作的重要制度创新，也是落实"放管服"改革的具体举措。把这项制度上升为法定制度，一是为了更好落实生产者主体责任，二是可以更好促进产地与市场有效衔接，三是能够增加一道质量安全防线。承诺达标合格证制度对农产品生产者开具、收购者收取保存和再次开具、批发市场查验合格证做出了具体规定，并明确了法律责任，进一步确立了这项制度在农产品质量安全工作中的长期性、基础性地位。该制度要求生产者在自控自检的基础上开具承诺达标合格证，从而更好落实生产者主体责任。承诺达标合格证既包含农产品的质量安全信息，也包含生产者的具体信息，从事农产品购销的各类主体据此可说清楚所经营农产品的来源。

四 承诺达标合格证开具要求

（一）相关法律法规条款规定

1.《中华人民共和国农产品质量安全法》相关条款规定

第三十八条 农产品生产企业、农民专业合作社以及从事农产品收购的单位或者个人销售的农产品，按照规定应当包装或者附加承诺达标合格证等标识的，须经包装或者附加标识后方可销售。包装物或者标识上应当按照规定标明产品的品名、产地、生产者、生产日期、保质期、产品质量等级等内容；使用添加剂的，还应当按照规定标明添加剂的名称。具体办法由国务院农业农村主管部门制定。

第三十九条　农产品生产企业、农民专业合作社应当执行法律、法规的规定和国家有关强制性标准，保证其销售的农产品符合农产品质量安全标准，并根据质量安全控制、检测结果等开具承诺达标合格证，承诺不使用禁用的农药、兽药及其他化合物且使用的常规农药、兽药残留不超标等。鼓励和支持农户销售农产品时开具承诺达标合格证。法律、行政法规对畜禽产品的质量安全合格证明有特别规定的，应当遵守其规定。

从事农产品收购的单位或者个人应当按照规定收取、保存承诺达标合格证或者其他质量安全合格证明，对其收购的农产品进行混装或者分装后销售的，应当按照规定开具承诺达标合格证。

农产品批发市场应当建立健全农产品承诺达标合格证查验等制度。

县级以上人民政府农业农村主管部门应当做好承诺达标合格证有关工作的指导服务，加强日常监督检查。

农产品质量安全承诺达标合格证管理办法由国务院农业农村主管部门会同国务院有关部门制定。

第四十二条　农产品质量符合国家规定的有关优质农产品标准的，农产品生产经营者可以申请使用农产品质量标志。禁止冒用农产品质量标志。

国家加强地理标志农产品保护和管理。

第四十三条　属于农业转基因生物的农产品，应当按照农业转基因生物安全管理的有关规定进行标识。

第四十四条　依法需要实施检疫的动植物及其产品，应当附具检疫标志、检疫证明。

2.《关于加强新修订〈中华人民共和国农产品质量安全法〉有关规定衔接工作的通知》相关工作要求

为指导各地农业农村部门、市场监管部门在农产品质量安全承诺达标合格证制度和实施农产品质量安全追溯管理等办法出台前不等不停，先期建立联动机制，共同做好相关工作，2023年4月农业农村部联合国家市场监督管理总局印发了《关于加强新修订〈中华人民共和国农产品质量安全法〉有关规定衔接工作的通知》（农办质〔2023〕9号），明确提出了相关工作要求。

一是督促指导食用农产品生产者规范开具承诺达标合格证。各地农业农村部门要督促食用农产品生产企业、农民专业合作社严格按照法律、法规和国家有关强制性标准要求，保证其销售的食用农产品符合农产品质量安全标准，并根据质量安全控制或检测结果等批批开具承诺达标合格证，如实做好开具记录，记录至少保存二年。要通过设立区域或村级农产品质量安全服务站点，为农户提供质量安全控制技术指导、农产品快速检测、承诺达标合格证打印等服务，鼓励农户和其他食用农产品生产主体开具承诺达标合格证。

二是督促指导食用农产品收购者收取、保存和开具承诺达标合格证。各地农业农村部门要督促从事食用农产品收购的单位或者个人收取、保存承诺达标合格证或其他质量安全合格证明。可通过拍照、留存原件或复印件等方式，留存相关证明至少二年。对其收购的食用农产品进行混装或者分装后销售的，应当依据收取保存的承诺达标合格证或其他质量安全合格证明，并根据收购后的自我质量安全控制或检测结果等，批批开具承诺达标合格证，如实做好开具记录，记录保存至少二年。

三是健全完善市场开办者入场查验要求。各地市场监管部门要督促从事食用农产品交易的集中交易市场（包括批发市场和零售市场）开办者依法依规全面履行食品安全管理责任，建立入场销售者档案，查验并留存入场销售者的社会信用代码或者身份证复印件，对进入市场的食用农产品加强入场查验。食用农产品批发市场应当与入场销售者签订食用农产品质量安全协议，查验并留存食用农产品进货凭证和承诺达标合格证等产品质量合格凭证。对无法提供进货凭证的禁止入场销售。对无法提供承诺达标合格证等产品质量合格凭证的食用农产品需进行抽样检验或快速检测，结果合格的方可进场销售。

四是严格落实食用农产品进货查验要求。各地市场监管部门要督促食用农产品销售者、食品生产企业、餐饮服务企业和集中用餐单位食堂依法依规全面履行食品安全主体责任，对采购的食用农产品加强进货查验，鼓励优先采购附具承诺达标合格证的食用农产品。采购按照规定需要检疫、检验的肉类，应当查验相应的检疫合格证、肉品品质检验合格证等证明文件。进入集中交易市场的食用农产品销售者，应当主动接受市场开办者的入场查验和对食用农产品的抽样检验，对经检验不符合食品安全标准的食用农产品按规定做好处置。鼓励食用农产品销售者在摊位（柜台）明显位置主动展示承诺达标合格证。

五是加强通过网络交易平台销售食用农产品的承诺达标合格证管理。各地农业农村部门要督促指导通过网络交易平台销售食用农产品的农产品生产企业、农民专业合作社及农产品收购者按规定开具承诺达标合格证，并主动在网络交易平台展示。各地市场监管部门要督促网络交易平台经营者依法加强对食用农产品生产经营者的管理，指导网络交易平台经营者对平台上食用农产品经营行为及信息进行检查。鼓励入驻平台的食用农产品生产经营者在首页或产品销售页面显著位置展示承诺达标合格证等信息。

六是建立承诺达标合格证问题通报协查机制。各地农业农村部门、市场监管部门要依据职责分工，对承诺达标合格证开具、收取、保存、查验等情况开展监督检查，建立通报协查机制。农业农村部门通过风险监测、监督抽查等手段，对开具了承诺达标合格证的食用农产品开展跟踪检查，发现食用农产品生产企业、农民专业合作社开具的承诺达标合格证存在虚假信息或者附具承诺达标合格证的食用农产品不合格等问题，应及时将不合格食用农产品的流向信息通报当地市场监管部门。市场监管部门通过监督检查、抽检发现承诺达标合格证存在虚假信息或者附具承诺达标合格证的食用农产品不合格等问题，应当及时通报当地农业农村部门。农业农村部门接到通报信息后，应当依据《中华人民共和国农产品质量安全法》第七十三条的规定进行调查处理。属于本机关管辖的，应当及时查处；不属于本机关管辖的，应当按照《农业行政处罚程序规定》及时移交有权管辖机关查处。相关调查处理结果要及时反馈市场监管部门。

七是加强食用农产品质量安全追溯体系衔接。各地农业农村部门要加强农产品质量安全追溯系统（平台）建设与管理，支持引导产地生产经营主体积极实施信息化追溯管理，规范主体注册及产品追溯信息，同时按要求推进部省信息共享，构建系统内追溯"一张网"，并积极探索与市场监管部门系统（平台）对接。各地市场监管部门要积极引导辖区内的农批市场主动实施信息化追溯管理，推动将农批市场入场销售者主体信息、食用农产品进货信息、交易信息等实施电子信息归集管理，已建设食用农产品质量安全追溯省级系统（平台）的，要在覆盖辖区内农批市场追溯信息的基础上，主动探索追溯链条向前端生产环节和后端零售市场、餐饮单位、学校食堂等食品经营单位的拓展延伸。

3.《食用农产品市场销售质量安全监督管理办法》相关条款规定

第四条　县级以上市场监督管理部门应当与同级农业农村等相关部门建立健全食用农产品市场销售质量安全监督管理协作机制，加强信息共享，推动产地准出与市场准入衔接，保证市场销售的食用农产品可追溯。

第九条　从事连锁经营和批发业务的食用农产品销售企业应当主动加强对采购渠道的审核管理，优先采购附具承诺达标合格证或者其他产品质量合格凭证的食用农产品，不得采购不符合食品安全标准的食用农产品。对无法提供承诺达标合格证或者其他产品质量合格凭证的，鼓励销售企业进行抽样检验或者快速检测。

除生产者或者供货者出具的承诺达标合格证外，自检合格证明、有关部门出具的检验检疫合格证明等也可以作为食用农产品的产品质量合格凭证。

第十条　实行统一配送销售方式的食用农产品销售企业，对统一配送的食用农产品可以由企业总部统一建立进货查验记录制度并保存进货凭证和产品质量合格凭证；所属各销售门店应当保存总部的配送清单，提供可查验相应凭证的方式。配送清单保存期限不得少于六个月。

第十一条　从事批发业务的食用农产品销售企业应当建立食用农产品销售记录制度，如实记录批发食用农产品的名称、数量、进货日期、销售日期以及购货者名称、地址、联系方式等内容，并保存相关凭证。记录和凭证保存期限不得少于六个月。

第十二条　销售者销售食用农产品，应当在销售场所明显位置或者带包装产品的包装上如实标明食用农产品的名称、产地、生产者或者销售者的名称或者姓名等信息。产地应当具体到县（市、区），鼓励标注到乡镇、村等具体产地。对保质期有要求的，应当标注保质期；保质期与贮存条件有关的，应当予以标明；在包装、保鲜、贮存中使用保鲜剂、防腐剂等食品添加剂的，应当标明食品添加剂名称。

销售即食食用农产品还应当如实标明具体制作时间。

食用农产品标签所用文字应当使用规范的中文，标注的内容应当清楚、明显，不得含有虚假、错误或者其他误导性内容。

鼓励销售者在销售场所明显位置展示食用农产品的承诺达标合格证。带包装销售食用农产品的，鼓励在包装上标明生产日期或者包装日期、贮存条件以及最佳食用期限等内容。

第二十三条　集中交易市场开办者应当查验入场食用农产品的进货凭证和产品质量合格凭证，与入场销售者签订食用农产品质量安全协议，列明违反食品安全法律法规规定的退市条款。未签订食用农产品质量安全协议的销售者和无法提供进货凭证的食用农产品不得进入市场销售。

集中交易市场开办者对声称销售自产食用农产品的，应当查验自产食用农产品的承诺达标合格证或者查验并留存销售者身份证号码、联系方式、住所以及食用农产品名称、数量、入场日期等信息。

对无法提供承诺达标合格证或者其他产品质量合格凭证的食用农产品，集中交易市场开办者应当进行抽样检验或者快速检测，结果合格的，方可允许进入市场销售。

鼓励和引导有条件的集中交易市场开办者对场内销售的食用农产品集中建立进货查验记录制度。

第三十六条　市、县级市场监督管理部门发现下列情形之一的，应当及时通报所在地同级农业农村主管部门：农产品生产企业、农民专业合作社、从事农产品收购的单位或者个人未按照规定出具承诺达标合格证；承诺达标合格证存在虚假信息；附具承诺达标合格证的食用农产品不合格；其他有关承诺达标合格证违法违规行为。农业农村主管部门发现附具承诺达标合格证的食用农产品不合格，向所在地市、县级市场监督管理部门通报的，市、县级市场监督管理部门应当根据农业农村主管部门提供的流向信息，及时追查不合格食用农产品并依法处理。

（二）开具原则

食用农产品生产者开具承诺达标合格证要坚持"谁生产、谁用药、谁承诺"的原则，据实勾选选项，自主开具，确保承诺达标合格证规范有效。

（三）具体要求

1. 实施范围

蔬菜（含人工种植的食用菌）、水果、茶鲜叶、畜禽、禽蛋、养殖水产品等食用农产品应当实施承诺达标合格证管理。法律、行政法规对畜禽产品的质量安全合格证明有特别规定的，应当遵守其规定。其他食用农产品鼓励开具承诺达标合格证。

2. 实施主体

（1）开具主体

农产品生产企业、农民专业合作社应当开具承诺达标合格证；鼓励和支持农户销售农产品时开具承诺达标合格证；从事农产品收购的单位或者个人对其收购的农产品进行混装或者分装后销售的，应当按照规定开具承诺达标合格证。

（2）查验主体

农产品批发市场、零售市场、农产品销售者、食品生产企业、餐饮服务企业和集中用餐单位食堂等。

3. 开具要求

①食用农产品生产企业、农民专业合作社应当执行法律、法规的规定和国家有关强制性标准，保证其销售的农产品符合农产品质量安全标准，并根据质量安全控制、检测结果等开具合格证。承诺不使用禁用农药兽药、停用兽药和非法添加物，且使用的常规农药兽药残留不超标等，对承诺的真实性负责。鼓励和支持

农户销售农产品时开具合格证。按照规定应当包装或附加承诺达标合格证等标识的，须经包装或者附加标识后方可销售。

②从事食用农产品收购的单位或者个人应当按照规定收取、保存合格证或者其他质量安全合格证明；对其收购的食用农产品进行混装或者分装后销售的，应当按照规定开具合格证后方可销售。承诺已收取并保存该批次农产品的承诺达标合格证或者其他质量安全合格证明；不违规使用保鲜剂、防腐剂、添加剂等，对承诺的真实性负责。

4. 开具方式

①食用农产品生产企业、农民专业合作社、农户及从事农产品收购的单位或个人，可以采取手工填写、打印等方式开具，也可将承诺达标合格证与农产品质量安全追溯标签等整合，采用信息化手段开具。

②合格证应载明农产品名称、产地、重量或数量、生产者、产地、承诺内容、承诺依据、联系方式、开具日期等信息。

5. 附带方式

带包装销售的食用农产品，应以销售包装为单元开具承诺达标合格证，以适当方式固定在包装表面。散装销售的食用农产品，应以运输车辆或实际交易批次为单元开具承诺达标合格证，实行一车一证或一批一证，随附同车或同批次农产品使用。

6. 留存方式和保存期限

①根据《关于加强新修订〈中华人民共和国农产品质量安全法〉有关规定衔接工作的通知》要求，食用农产品生产企业、农民专业合作社严格执行法律、法规规定和国家有关强制性标准，保证其销售的食用农产品符合农产品质量安全标准，并根据质量安全控制或检测结果等批批开具承诺达标合格证，如实做好开具记录，记录至少保存两年。

②从事食用农产品收购的单位或者个人收取、保存承诺达标合格证或者其他质量安全合格证明，通过拍照、留存原件或复印件等方式保存至少两年。对其收购的食用农产品进行混装或者分装后销售的，应当依据收取保存的承诺达标合格证或其他质量安全合格证明，并根据收购后的自我质量安全控制或检测结果等，分批开具承诺达标合格证，如实做好开具记录，记录至少保存两年。

7. 入场查验和进货查验要求

①食用农产品集中交易市场（包括批发市场和零售市场）对进入市场的食用农产品加强入场查验，留存食用农产品进货凭证和承诺达标合格证等产品质量合

格凭证。对无法提供进货凭证的禁止入场销售。对无法提供合格证等产品质量证明的，须进行抽检或快速检测，检测合格方可入市销售。

②食用农产品销售者、食品生产企业、餐饮服务企业和集中用餐单位，应对采购的食用农产品加强进货查验并留存食用农产品进货凭证和承诺达标合格证等产品质量合格凭证。食用农产品销售者二次销售或配送时，应当将产品质量合格凭证随附流通。

8. 法律责任

①未开具、收取或保存合格证的法律责任。根据《中华人民共和国农产品质量安全法》第七十三条规定："违反本法规定，有下列行为之一的，由县级以上地方人民政府农业农村主管部门按照职责给予批评教育，责令限期改正；逾期不改正的，处一百元以上一千元以下罚款：农产品生产企业、农民专业合作社、从事农产品收购的单位或者个人未按照规定开具承诺达标合格证；从事农产品收购的单位或者个人未按照规定收取、保存承诺达标合格证或者其他合格证明。"

②未查验合格证的法律责任。根据《食用农产品市场销售质量安全监督管理办法》第四十七条规定："批发市场开办者违反本办法第二十五条第一款规定，未依法对进入该批发市场销售的食用农产品进行抽样检验的，由县级以上市场监督管理部门依照食品安全法第一百三十条第二款的规定给予处罚。批发市场开办者违反本办法第二十七条规定，未按要求向入场销售者提供统一格式的销售凭证或者指导入场销售者自行印制符合要求的销售凭证的，由县级以上市场监督管理部门责令改正；拒不改正的，处五千元以上三万元以下罚款。"

第六章 北京市相关工作实践

Chapter Six

多年来，按照党中央、国务院、农业农村部等的相关工作要求及《中华人民共和国农产品质量安全法》具体规定，北京市农业农村部门结合北京市农产品生产及质量安全现状与特点，精心谋划、开拓创新、统筹部署、稳步推进，在农产品生产及质量安全全程管控、快检技术应用推广、承诺达标合格证制度推行、乡镇管理站建设及网格化监管等方面进行了许多探索实践，积累了一批创新性经验和做法，并取得良好成效。本章重点介绍了北京市推行"农产品生产及质量安全全程管控标准化基地建设""农产品质量安全定性检测技术""承诺达标合格证制度"三方面的实践经验，供各位读者了解和参考。

一、北京市推行"农产品生产及质量安全全程管控标准化基地建设"的实践

"十四五"是我国农业高质量发展的关键五年，2021年中央一号文件指出，依托乡村特色优势资源，打造农业全产业链，加快健全现代农业全产业链标准体系。农业全产业链是农业研发、生产、加工、储运、销售、品牌、体验、消费、服务等环节和主体紧密关联、有效衔接、耦合配套、协同发展的有机整体。从整体来看，农业全产业链使农业生产"接二连三"，从局部来看，农业产业链条的各环节既有先后次序，如生产、加工、储运、销售，又有并列关系，如研发、生产、服务，各环节紧密关联、协同发展。应对如此复杂且庞大的系统，通过传统的标准化手段，依靠单个、分散、孤立制定标准的方式很难实现农业全产业链标准化高质量发展。解决现代农业全产业链标准化方面的问题需要用现代标准化的科学方法论。综合标准化的思路和方法与现代农业全产业链的发展定位不谋而合，对此北京也早在2016年就开始探索式地推进相关工作，并为后期现代农业全产业链建设提供了有价值的参考。

（一）农产品生产及质量安全"全程管控"探索与实践

实施农产品生产及质量安全全程管控，是保障农产品质量安全的国际通行做法，也是高品质农产品生产的重要实现路径，更是提振公众农产品消费信心的重要措施。为此，北京于 2016 年在全国范围内率先提出了农产品生产及质量安全"全程管控"理念，就是采用综合标准化的思路去解决农产品生产及质量安全全程管控方面的难题，探索具有首都特色的"全程管控"标准化发展模式：一方面以首都农业高质量发展为核心目标，不断完善农业标准体系；另一方面针对本地优势品类农产品，创建"全程标准化示范基地""全产业链标准化示范基地"，引领北京农业标准化发展方向。截至 2023 年底，先后建成"北京市全程标准化示范基地"79 家，"北京市全产业链标准化示范基地"35 家。"全程管控"标准化管理模式通过"示范基地 + 京郊基地""示范基地 + 外埠基地""宣传培训 + 观摩指导""市区联动 + 融媒体宣传"等方式在全市 1 000 余家标准化基地进行了推广，加速了首都农业标准化进程。

1. 缺标补标，完善"全程管控"标准体系

标准引导着产业结构调整升级的方向，推动着农业转型升级和全产业链发展。2016 年以来，北京以农业高质量发展为目标，搭建并逐步完善了包含农业基础通用标准、种植业、畜牧养殖业、渔业、农业设施设备、农业生态、试验检测、农业社会化服务、数字农业、其他等共 10 个类别下设 44 个分支的首都农业标准体系框架，农业标准体系不断完善。2016—2021 年，累计制修订农业标准 109 项，复审已实施农业标准 268 项，并对 76 项农业标准的实施效果进行了评估。

为填补首都农产品生产及质量安全管控标准空白，北京在 2021 年提出了农产品生产及质量安全控制类标准的制定计划，期间调研了全市 1 000 余家标准化基地，200 余家种养户，收集了 1.4 万余条基地生产及质量安全相关信息，梳理了种植、畜牧、水产 3 个行业存在的质量安全隐患，从农产品生产及质量安全"全程管控"角度出发，确定了 3 个行业共计 65 个产前、产中、产后质量安全控制关键要素，142 个控制点，提出了相应的控制和改进措施，组织制定的《蔬菜生产质量安全控制规范》《畜禽养殖质量安全控制规范》《畜禽屠宰质量安全控制规范》和《淡水鱼养殖质量安全控制规范》等 4 项地方标准已于 2023 年 1 月 1 日实施，首都种植、畜牧、水产 3 个行业的农产品生产全过程质量安全管理实现了有标可依，这为实现农产品生产及质量安全管控，发展首都现代农业全产业链标准化奠定了坚实基础。

2. 试点建设，提升"全程管控"标准化水平

为充分贯彻落实农产品生产及质量安全"全程管控"理念，多年来，北京以创建"国家农产品质量安全市"、建设"北京农产品绿色优质安全示范区"、推进"农产品'三品一标'四大行动"等为契机，以"产品"为主线，以"质量控制"为核心，突出优质、安全、绿色导向，从管理模式构建、配套技术集成和开展宣传培训三方面切入，开展产前、产中、产后"全程管控"标准化示范基地建设工作，全面推动农产品生产及质量安全各项管控措施落地。

（1）构建管理模式，制定标准综合体

管理模式构建主要是采用综合标准化的工作理念对农产品生产供应全程中影响农产品质量安全的关键环节和要素进行分析与规范，形成符合生产实际、便于企业应用的全程农产品质量安全标准综合体。2017年以来，北京市采用综合标准化的工作方法，先后构建了蔬菜、番茄、草莓、西甜瓜、鸡蛋、生鲜牛乳、鲟鱼、草鲤鱼等8个品类农产品的标准综合体，并通过示范基地建设等途径，指导相关示范基地制定高质量企业标准200余项，各行业基地产前、产中、产后做到了有标可依，标准覆盖率近100%。各品类标准综合体的建立和实施案例已通过《北京市蔬菜全程标准化基地建设与实践》《蛋鸡健康养殖标准综合体的构建与应用》及《综合标准化在构建鲟鱼质量安全标准综合体中的应用》等成果发表。

（2）集成生产技术，完善"全程管控"技术支撑体系

农产品生产及质量安全"全程管控"各项措施的实施，离不开基础设施及先进生产技术的支撑，配套技术集成应用是确保"全程管控"目标实现的基础。生产技术优化集成方面，从安全优质农产品生产的重点环节切入，重点优化集成与北京农业生产目标紧密结合、实现全程管控必需的生产技术。2017—2021年间，北京针对种植、畜牧、水产3个行业，完善和集成了关键技术8项，支撑了全程管控管理目标的实现。其中针对蔬菜生产及质量安全"全程管控"要求，重点优化并集成了温室环境智能控制、水肥一体化生产、绿色防控和农产品质量安全自检等4项技术；针对畜禽产品生产及质量安全全程管控要求，重点集成并完善了疫病防控、废弃物处置等2项技术；针对水产品生产及质量安全全程管控要求，重点集成并完善了池塘水质管理、鱼病防控等2项技术。

（3）开展宣传培训，推动"全程管控"措施落地

农产品生产及质量安全"全程管控"每一项措施，基本对应标准综合体中的每一项标准，相关标准的宣贯落地是保障全程管控措施有效实施的关键，为此重

点开展了两方面工作：一方面以示范基地为核心，指导基地宣标贯标。按照农产品生产全过程将各项标准的实施落实到人，落实到岗，强化培训，提升管理和生产人员的贯标能力。另一方面，以示范基地为窗口，搭建了以"专家现场讲标准＋全程管控现场观摩＋农标酷公众号＋农业标准化技术大讲堂"组成的全市宣标贯标培训平台，促进了全程管控理念在全市乃至全国范围内的推广。

自 2016 年"全程管控"理念提出，伴随着 79 家"北京市全程标准化示范基地"，35 家"北京市全产业链标准化示范基地"的建设，北京累计培训京郊农业生产者、管理者 15 000 余人次，宣标贯标成效显著，为强化全程管控，助力农业产业高质量发展奠定了坚实的基础。

（二）推进现代农业全产业链标准化的形势需求

1. 国家层面

"十四五"时期是乘势而上开启全面建设社会主义现代化国家新征程，向第二个百年奋斗目标进军的第一个五年，也是国家全面推进乡村振兴、加快农业农村现代化的关键五年。乡村振兴，产业振兴是重要基础，是解决农村一切问题的前提，而构建现代农业全产业链标准体系，实现农业产业链融合发展是乡村产业振兴的关键。为贯彻落实 2021 年中央一号文件精神，加快培育发展现代农业全产业链，农业农村部于 2021 年印发了《农业农村部关于加快农业全产业链培育发展的指导意见》《关于开展现代化农业全产业链标准化试点工作的通知》等系列文件，提出到 2025 年，农业全产业链标准体系更加健全，农业全产业链价值占县域生产总值的比重实现较大幅度提高，乡村产业链供应链现代化水平明显提升，现代农业产业体系基本形成；并指出以玉米、高油酸油菜、香菇、茭白、葡萄、樱桃、生猪、肉牛、牦牛、乳制品、鲫鱼等品种为重点，试点构建 30 个农产品全产业链标准体系及相关标准综合体，制（修）订相关标准 200 项，遴选命名现代农业全产业链标准化基地 300 个，按标生产培训 5 万人次，培育一批全国知名的绿色、有机和地理标志农产品，基本形成全产业链标准化协同推进机制。

2. 北京层面

为落实国家层面关于实施现代农业全产业链标准化的相关要求和指示，北京立足首都城市战略定位和"大城市小农业""大京郊小城区"市情农情，立足新发展阶段、贯彻新发展理念、构建新发展格局，以高质量发展为主题，以农业供给侧结构性改革为主线，于 2021 年制定了《北京市农业生产"三品一标"提升行动实施方案》，明确提出到 2025 年，要集中力量打造一批现代农业全产业链标准化示范基地，培育一批质量过得硬、品牌叫得响、带动能力强的绿色优质农产品精品。2022年，北京在推进"全程管控"标准化示范基地建设、落实国家现代农业全产业链标准化示范基地创建方案的基础上，进一步凸显首都农业特色，统一建设标准，组织制定了《2022年北京市现代农业标准化示范基地建设方案与验收规范》，并通过《北京市农业农村局关于做好国家现代农业全产业链标准化示范基地建设和推荐的通知》的形式下发各区，指导全市开展全产业链标准化基地建设，明确提出从全市优级标准化基地中遴选市场开拓能力强、示范带动作用大的基地开展现代农业全产业链标准化示范基地建设，进一步"查缺补漏，填平补齐"，全面提升基地现代农业全产业链生产水平。

（三）展望及建议

在推行农业"全程管控"方面，北京一直走在前列。建议立足前期发展基础，发挥本地优势，重点从综合标准化对象和目标选择、标准综合体建立、组织实施、评价改进等方面做好规划，在推行"农产品生产及质量安全全程管控标准化基地建设"实践的基础上，全面推进北京现代农业全产业链标准化建设再上新台阶。

1. 确定综合标准化目标

（1）因地制宜，突出特色

现代农业全产业链综合标准化对象的选择首先是要立足本地实际，因地制宜，突出特色。依托独特的自然地理环境条件，选择特色优势产业和农产品，打造全产业链标准综合体。如"九山半水半分田"的黑龙江省东宁市，发展全产业链发展模式，将小木耳做成了大产业，打造成"中国黑木耳第一县"。专注种好"一棵菜"的寿光，围绕蔬菜产业全要素、全产业链不断创新探索，成为"中国蔬菜之乡"。就北京而言，应该结合"大城市小农业""大京郊小城区"的市情农情，充分考虑农业生产要素成本高、产业种类不全、规模化程度相对较低、生态环境压力较大等问题，发挥首都的农业科技及人才优势、信息化数字化优势、文化底蕴丰厚优势、消费群体优势、新型农业经营主体优势，以"种业之都"为发展定位，以优势产业（种业）、特色品类（如平谷大桃、昌平草莓等）为主，带动全市农业生产在全产业链建设方面走出一条彰显首都特色的农业标准化之路，全面助力产业转型升级。

（2）高效生态，绿色安全

现代农业全产业链综合标准化对象的选择还应贯彻绿色发展理念，以绿色优质农产品供给为目标，推进农业高效绿色安全发展。习近平总书记指出，推进农业绿色发展是农业发展观的一场深刻革命，也是农业供给侧结构性改革的主攻方向。近年来，农业生产中对生态效益的考量越发突出，对于北京而言，绿色竞争力优势明显，北京市"菜篮子""三品"认证率连续多年稳定在80%以上。"十四五"期间，北京市的主要任务就是全面推广减量增效等绿色生产技术，推进绿色有机农业发展，打造几条具有首都特色的绿色现代农业全产业链，建设绿色有机农业示范区（带），确保全市至2025年实现绿色有机产品总量翻一番的目标。

（3）优质优价，品牌发展

农产品优质不优价的问题是限制农业向高端发展的重要因素。相对于其他省份而言，北京人口众多，消费群体量大多元、层次鲜明，具备走农业高端之路的基础条件。因此充分利用北京的消费及农业品牌基础，打造一批全国乃至国际引领性品牌是未来努力的方向。在现代农业全产业链构建过程中，应突出品牌方面的研究和政策扶持。一是在农业品牌国际化营销、农业品牌国际形象树立等方面加大扶持力度，弘扬中国农耕文化，推动首都农业品牌走向世界，推动农业国际合作。二是讲好品牌故事。从环境、工艺、文化、人物4个角度挖掘故事线索，北京历史文化悠久，从文化角度出发，深入挖掘品牌及产品背后的故事，提升首都农业品牌的文化性和趣味性。

2. 完善标准综合体

标准综合体建立方面，根据现代农业全产业链各环节要素之间的关系，建议采用混合式的标准综合体结构建立农业全产业链标准综合体。混合式标准综合体结构由若干模块组成，从整体上看是并列式结构，但各个模块之间并非完全独立，存在内在联系，运用模块化手段既可以分解、简化和处理问题，各分模块又可以自由组合，满足个性化需求。确定好综合标准化的对象及目标后，将综合标准化对象的全产业链发展作为一个系统，充分分析其在农业研发、生产、加工、储运、销售、品牌、体验、消费、服务等环节与目标相关的要素并对其进行规范，编制标准或标准综合体子系统，最终形成对象目标全产业链标准综合体的全部内容（图6.1）。

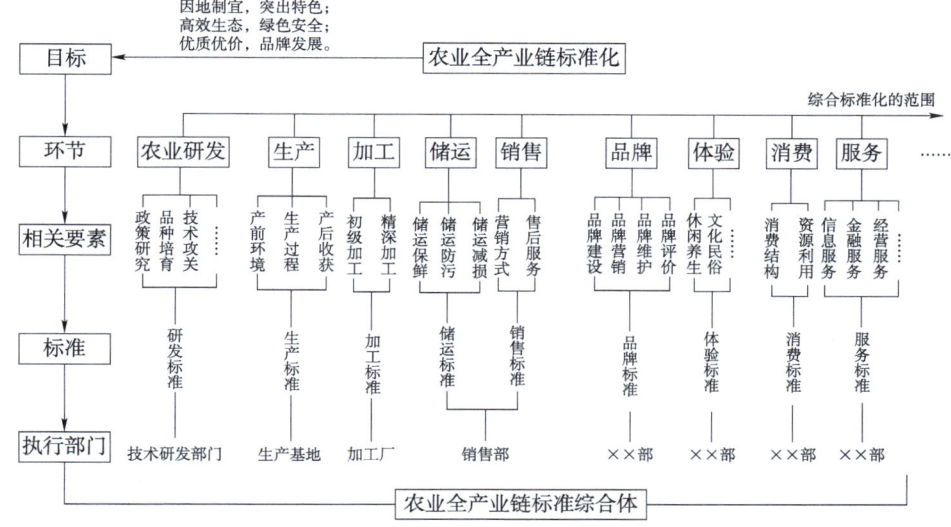

图6.1 现代农业全产业链标准综合体框架图

3. 组织实施

从确定综合标准化对象及目标到综合标准体的建立仅是综合标准化的前期工作，标准综合体能否贯彻实施，不断改进事关综合标准化目标能否实现，因此标准综合体的实施十分重要。标准综合体的实施就是依标生产的过程，实施前应做好实施硬件准备、人员分工、标准宣贯、人员培训等准备工作，实施过程中做好检查记录，信息反馈，保证标准综合体稳定运行。北京组织实施现代农业全产业链标准化方面，除依靠试点带动外，应鼓励农业产业化龙头企业、农民合作社、家庭农场等新型农业经营主体，主动参与到现代农业全产业链标准综合体的建立和实施中，进一步提升经营主体规范化管理水平，激发内生动力，促进技术创新、产品创新和管理创新，挖掘新型农业经营主体行业带动、增收带动、品牌带动潜力，带动大规模标准化生产的实现，提升产业标准化生产整体水平。

4. 评价改进

做好评价改进工作是保证现代农业全产业链标准化良性循环的重要手段。实施现代农业全产业链标准化过程中，做好标准综合体以及现代农业全产业链标准化示范效果的评价工作尤为重要。在当前国内尚无权威、统一的综合标准化评价标准的大背景下，北京应充分利用好本地科技和人才资源优势，本着全面、科学、可操作、动态等原则，做好评价规范的制定，保证各项考核指标设置的科学性和合理性。一是做好标准综合体的评价。建议从综合标准化的目标出发，从标准综合体的适用性、技术内容的先进性和可操作性、各项标准之间的协调性等方面进行综合评价。二是做好现代农业全产业链标准化示范效果的评价，建议从基础设施、人员队伍、经费支撑、技术创新能力、科技成果转化、行业领域影响力、示范带动作用等方面进行综合评价。通过两方面的评价精准分析北京现代农业全产业链构建及示范过程中存在的问题并及时改进，不断提升首都现代农业全产业链标准化生产水平。

二 北京市推行"农产品质量安全定性检测技术"的实践

定性检测技术（本部分称之为"快速检测技术"，简称"快检技术"）是检验检测技术体系的重要组成部分，是定量检测技术的有效补充。农产品质量安全快检技术具有成本低、速度快等优点，是目前我国农产品质量安全基层监管、生产经营主体自检自控最主要的技术手段。多年来，农业农村部结合我国农产品质量安全现状及主要问题，从政策、制度、资金等多个角度，加快推进农产品特别是常规农药速测技术装备研发、标准制定和推广应用，指导基层监管者"什么风险高检什么"，引导生产者"用什么检什么"以及"检什么标什么"，进一步为农产品质量安全全链条把关保驾护航。

近年来，在北京市农业农村局统筹部署与具体指导下，北京市农产品质量安全中心基于不同类别食用农产品的生产、检测等质量安全现状，以农残、兽残快速检测领域存在的主要问题为突破口，开展了应用现状调研、速测产品评价、现有技术优化、新型技术探索、集成示范推广以及地方标准制定等系列工作，逐步提升了区、镇两级质量安全检测监管机构及广大生产经营主体农产品检验检测的规范性和靶向性，进一步筑牢农产品质量安全的底线和防线。

（一）工作实践

1. 调研快检技术应用现状

快检技术作为保障农产品质量安全的重要技术支撑，可在短时间内对农产品潜在风险进行有效监测，及时发现"问题"农产品，提高安全监管的时效性，已在我国基层得到广泛应用。近年来，结合具体工作，主要从三个层面开展了快检技术应用现状调研。一是兄弟省份快检技术应用现状调研。先后走访了天津、吉林、山东、湖北等多个省（直辖市）各级农产品质量安全检验检测机构，以座谈交流方式调研各级检测机构运行现状和快检技术应用现状。二是本市基层检测监管机构快检技术应用现状调研。以现场调研、座谈讨论和问卷调查相结合方式，调研 13 个区级检测机构和 158 个乡镇农产品质量安全管理站运行及快检技术推进及应用情况。三是规模主体生产及用药情况调查。以问卷调查与现场调查、座谈交流相结合方式，先后对市级优级标准化基地、"三棵菜"生产主体等 500 余家种植业规模主体生产情况、用药情况、质量安全管理情况等进行了调查。通过系列调研，进一步了解和掌握了我国及北京快检技术应用情况及存在的主要技术问题，包括快检产品质量参差不齐、速测产品选择难、检测人员操作不规范、样品测不准等。

2. 开展快检产品适用性评价

针对市场上快检产品质量良莠不齐、选择难等问题，以农残胶体金快检产品为核心，联合中国农业科学院农业质量标准与检测技术研究所（以下简称中国农科院质标所）、北京市农林科学院农业质量标准与检测技术研究所等科研院所不定期开展产品适用性评价和验证工作，并将快检产品评价融合到日常快检工作中，如收集各区在日常快检中发现的阳性样品进行复核，记录不同厂家不同产品的有效性；统一制备盲样，开展基层快检能力考核等。基层检测监管机构及生产主体相关人员依据各类产品的农药残留风险清单，配合快检产品的使用，使检测监管的靶向性更强。其间，重点对市售的胶体金农药残留试纸条开展产品适用性评价和验证，通过对产品灵敏性、特异性、稳定性、检测通量与时效性、成本等方面的综合评价，形成快检产品适配性评价规范草案，用以指导基层检测监管机构及生产主体及时发现风险，降低风险隐患。

3. 优化集成快速检测新技术

为响应与落实农业农村部《食用农产品"治违禁 控药残 促提升"三年行动方案》中重点品种的典型和突出问题，分别从蔬菜和畜禽产品快速检测技术领域切入，开展技术研发。

围绕高风险蔬菜高频检出农残，联合中国农科院质标所等，开发适用于蔬菜农残检测的"四合一"胶体金检测试纸条，并对样前处理、稀释液倍数、T/C 判读限、耦合方式等技术参数的进一步优化，有四种，第一种可以一次性检测克百威、毒死蜱、腐霉利、啶虫脒 4 种农药残留；第二种可以一次性检测克百威、毒死蜱、甲氨基阿维菌素苯甲酸盐、吡虫啉 4 种农药残留；第三种可以一次性检测灭蝇胺、吡唑醚菌酯、毒死蜱、阿维菌素 4 种农药残留；第四种可以一次性检测啶虫脒、克百威、烯酰吗啉、吡虫啉 4 种农药残留并形成快检质量控制规范，应用结果表明蔬菜多残留同步快速检测效果良好。

围绕畜禽产品问题突出的磺胺类和氟喹诺酮类两大类抗生素，联合中国农科院质标所等，开展荧光定量快速检测技术应用研究与示范：一是通过重组磺胺受体蛋白的制备、荧光微球的筛选、免疫层析试纸条的优化、免疫层析试纸条的评价等试验，研发出1种磺胺类荧光定量检测试纸条，可检测磺胺二甲嘧啶、磺胺氯吡嗪等4种磺胺类抗生素；二是通过重组氟喹诺酮受体蛋白的制备、荧光微球的筛选、免疫层析试纸条的优化、免疫层析试纸条的评价等试验，研发出1种氟喹诺酮类荧光定量检测试纸条，可检测洛美沙星、双氟沙星、诺氟沙星等5种抗生素；三是荧光定量快速检测设备研发，结合磺胺类、氟喹诺酮类两类荧光定量检测试纸条定量检测技术参数和需求，通过设计电路系统方案、免疫荧光仪主机电路方案、软件设计方案，研发出1套荧光定量快速检测设备，并在畜禽产品屠宰加工企业进行示范应用，效果良好。

4.制定集成评价规范和作业指导书

（1）制定蔬菜安全快检产品适配性评价规范

针对快检产品企业准入门槛低，产品质量参差不齐等问题，编写制定了农产品安全快检产品适配性评价规范，包括快检产品的要求、评价原则、技术指标、评价结果4个部分。要求快检产品要包装完整，说明书内容表述清晰，明确应用范围和环境条件要求等。评价原则包括分析时间（应小于30 min）、一物一评（不同基质需独立评价）、多人交叉评估（降低人员操作的影响）、盲样准备（至少高、中、低三个浓度水平、均一性与稳定性良好），评价目标产品需结合监测结果确定风险因子及农产品。技术指标重点关注检出限、灵敏度、特异性、假阴性率、假阳性率、产品稳定性（不同批次间差异）。除上述指标外，也应考虑到定性快检产品与定量快检产品之间差异，定量产品技术指标还应包括准确度（添加回收率）和精密度（变异系数）；评价结果根据快检产品的技术指标进行判定，包括检测限满足其相应的限量标准要求、假阴性率应≤5%、假阳性率应≤10%、灵敏度应≥95%、特异性应≥95%，满足上述评价指标的快检产品为合格产品。对于定量快检产品而言，回收率应在70%～120%，RSD≤20%。该技术规范的实施不仅提高了快检技术的靶向性，同时也为各区质量安全管理站进行快检产品评价提供技术支撑，为基层检测人员提供了可靠的快检产品，从而使快检技术在安全监管中发挥更大的作用。

（2）制定蔬菜风险因子快检质量控制规范

根据胶体金免疫层析靶向筛查技术特点，结合质量控制技术关键点，编写制定了蔬菜风险因子快检质量控制规范。该技术规范包括快检产品要求、样品抽取与制备、样品前处理、检测、结果判定5部分。快检产品建议选择已通过适用性评价的产品，注意产品的保存和使用条件，确保其在有效期内；抽取的样品应具有代表性，明确抽样时机；样品制备应注意制样方式、测定部位、交叉污染；称量过程中要防止试验台的震动、不平等因素，以保障称量仪器的准确度；样品前处理应严格按照产品操作说明书执行，明确不同基质的稀释倍数；检测过程紧扣样品前处理、质控样品、质控基数、结果判卖的四个要求，每批样品必须和质控样品一起测试，且每个样品必须保证平行样测定；检测后结果确认需要对阳性样品再确认，可通过再检测、人员比对、快检产品比对、盲样考核和参与方法一致性分析五个途径确认。该技术规范的实施有利于保障快检结果的有效性，提高快检技术的可靠性，便于基层检测人员掌握和使用快检技术，可操作性强。

5. 推广应用

本部分以蔬菜胶体金快速检测技术推广为例，介绍相关技术推广应用情况。针对蔬菜质量安全问题突出的禁用和高频检出农药，联合中国农科院质标所、谱尼测试集团、北京勤邦生物技术有限公司等，对上市胶体金检测技术和装备进行筛选、集成；通过市级推动、政企联动、培训拉动等方式推广应用。一是以全国蔬菜高频检出的禁用农药为研究对象，结合我国农药禁用目录清单以及韭菜、豇豆和芹菜等重点问题品种检出高频农残种类，对已开发上市的近 30 种农药残留胶体金检测试纸条进行筛选，选择并确定克百威、毒死蜱和三唑磷 3 种胶体金试纸条为禁用农药重点快速检测筛选技术手段之一，在蔬菜原料来源渠道复杂的即用鲜切蔬菜生产加工主体进行示范应用；二是以自产蔬菜高频检出的农药为研究对象，结合近年来全市蔬菜播种面积前 20 种的蔬菜品种及蔬菜监督抽检农残检出频率，对已开发上市的近 30 种农药残留胶体金检测试纸条进行筛选，选择并确定腐霉利、氯氟氰菊酯和啶虫脒 3 种胶体金试纸条为自产蔬菜农药重点快速检测筛选技术手段之一，在全市部分种植业标准化基地（承诺达标合格证应用主体）进行示范应用；三是以胶体金检测设备为研究对象，对上市销售的 20 余种胶体金快速检测设备进行功能、参数、价格、拓展性、接口类型等方面的综合评价，筛选出功能多样、性能稳定、价格适宜、拓展性强的 5 种不同型号胶体金快速检测配套装备，联合胶体金检测试纸条开展技术提升，并在全市乡镇管理站及重点规模主体进行示范应用。

其间，通过编印宣传海报、录制科普视频、制作 MG 动画等多形式多角度开展胶体金快速检测技术宣传科普，推广普及快速检测技术；通过集中培训、观摩学习、实战演练以及面对面、一对一指导等多层面多渠道开展胶体金快速检测技术培训，解决生产主体与基层检测监管机构胶体金快速检测不会用、用不好的问题，确保推广应用效果。

（二）应用成效

快检技术已在生产主体及区镇两级检测监管机构中广泛应用，成为生产主体强化拟上市产品自检，基层检测监管机构强化日常检测监管的重要手段，是保障首都农产品质量安全的重要一环。

1. 在推动生产主体、基层检测监管机构落实法律要求上取得新进展

新修订的《中华人民共和国农产品质量安全法》第三十四条规定"农产品生产企业、农民专业合作社应当根据质量安全控制要求自行或者委托检测机构对农产品质量安全进行检测；经检测不符合农产品质量安全标准的农产品，应当及时采取管控措施，且不得销售"。第三十六条规定采用国务院农业行政主管部门会同有关部门认定的快速检测方法进行农产品质量安全监督抽查检测，被抽查人对检测结果有异议的，可以自收到检测结果时起四小时内申请复检。复检不得采用快速检测方法。当前，快速检测技术在生产主体及基层检测监管机构广泛应用，并成为其落实相关法律法规要求，强化生产主体自检及基层监管的主要手段。

2. 在强化生产主体自检自控上取得新成效

胶体金快速检测技术在全市种植业标准化基地、"三棵菜"生产主体、即用鲜切蔬菜生产加工主体等的广泛应用，有助于生产主体根据农产品生产用药情况对田间地头、拟上市农产品进行检测，"用什么检什么""什么风险高检什么""检什么标什么"，针对性更强，筛查效率更高，风险排查靶向性更强，检测数据通过快速检测设备实时上传至手机端、追溯平台等，大大提高了生产主体发现问题的能力。相关技术的应用，同时为生产主体开展自检，规范开具承诺达标合格证提供了技术支持，实现"产品自检＋贴标上市"同步推进。

3. 在强化属地检测监管技术支撑上取得新突破

目前，快检技术已在全市13个涉农区区级质检站以及156个涉农乡镇农产品质量安全管理站广泛应用，成为区镇级检测监管机构压实主体责任，强化属地监管的重要技术手段之一。基层检测监管机构应用快速检测技术对属地重点农产品、特色农产品及其主要风险因子进行快速检测，检测结果及时反馈，数据实时保存，充分发挥了快速检测"防火墙""过滤网""警报器"作用，严防禁限用农药违法使用，严控常规农药残留超标，进一步夯实了属地农产品安全监管的"最初一公里"，也有效提升了基层检测监管部门在属地农产品质量安全专项整治、风险排查、日常抽检等工作的及时性和靶向性，进一步筑牢了首都农产品质

量安全的底线和防线。

三 北京市推行"承诺达标合格证制度"的实践

（一）工作实践

北京市承诺达标合格证试行工作是在北京市农业农村局农产品质量安全处统筹部署下，由北京市农产品质量安全中心具体组织实施，先后历时五年，经历了初步探索、调研谋划、部署建设、选点试行、调整完善五个阶段，通过早探索、深调研、重指导、促升级、抓宣传等五项举措取得了五个方面的显著成效，引导食用农产品生产经营者进一步树牢了"不合格、不上市"理念，规范了食用农产品生产经营者规范开证、依法亮证行为。

1.五个阶段

（1）初步探索阶段

为了进一步加快北京市建立以食用农产品质量合格为核心内容的产地准出管理与市场准入管理衔接机制，结合我市农产品生产档案电子标签管理体系和农产品追溯管理体系，2017年组织构建了以二维码标签和移动填报关联管理为主要手段的产地准出模式，并在朝阳及大兴、房山三个区进行了试点应用，取得一定工作成果。2018年进一步示范和完善产地准出模式，扩大产地准出推广应用范围，在怀柔、通州、房山、密云、门头沟、丰台、昌平、大兴8个区共40个乡镇（街道）辖区内的57个农产品生产主体进行产了地准出模式示范应用，为全面落实产地准出制度奠定了基础。

（2）调研谋划阶段

2019年下半年，根据《农业农村部关于印发〈全国试行食用农产品合格证制度实施方案〉的通知》（农质发〔2019〕6号）要求，在组织开展2017年和2018年本市农产品产地准出试点基础上，通过7个区28家农产品生产主体的食用农产品合格证制度试行工作现场调研、技术对接等前期准备工作，提出并确定构建全市"3+1"合格证生成模式。

（3）部署建设阶段

2020年上半年，在历年产地准出试点工作基础上，汲取其他试点省市优良经验与做法，按照部市共建协定中推行智慧监管、区域联动等具体规定和要求，完成移动式食用农产品合格证打印APP及配套装备开发，完成合格证管理系统功能完善工作。

一是在调研的基础上，针对生产主体类型、农产品销售模式、包装样式等差异化需求，组织设计并最终制定了 3 种食用农产品合格证样式，构建了 1 套食用农产品合格证公共服务系统，开发了 1 个食用农产品合格证手机 APP 平台，同时完成了工业打印、手持移动打印、合格证扫描附码等合格证开具方式的仪器设备选型及配套，编写印发了《北京市食用农产品合格证管理制度（试行）》《北京市食用农产品合格证制度试行工作指南》等。

二是在合格证系统功能基础上，进一步完善开发后台数据查询关联、与在建北京市食用农产品质量安全追溯管理平台的数据接口、与北京市食用农产品质量安全监管信息平台数据接口、与生产主体自检速测设备关联管理以及与农业设施一棚一码信息关联等具体功能。

（4）选点试行阶段

采取区级推荐和市级核查相结合方式，分两批组织开展了市级试行示范工作。

第一批试点试行。2020 年下半年按照"选择标准化生产覆盖率较高、绿色有机认证面积较大、示范县创建工作较突出以及对带动津冀地区具有区位优势"的标准，以通州、房山、延庆和平谷 4 个农产品质量安全示范区 80 家生产主体为重点，开展北京市食用农产品合格证制度试行市级示范建设工作。一是制定示范点建设遴选方案，明确工作任务、工作内容、遴选范围、遴选方式、遴选流程以及相关要求，并下发《关于做好〈北京市食用农产品合格证制度试行〉项目生产主体遴选工作的通知》，积极组织开展遴选工作。二是完成区级推荐和市级核查。经过重点区域推荐、市级核查，共确定 80 个试行主体，包括重点区域规模化主体 73 个、服务保障及冬奥试点主体 7 个。三是组织市区试点三级培训，指导生产主体正确开具和出具合格证；并对部分生产主体进行"一对一"的现场指导，帮助其解决试行过程中所遇到的问题。

第二批试点试行。2021 年以大兴、怀柔、昌平和密云 4 个合格证试行薄弱区 120 家生产主体为重点，组织进行了移动打印式、工业打印式、预制印刷式及二联单式等 4 种食用农产品合格证试行工作。

（5）调整完善阶段

根据农业农村部《关于加快推进承诺达标合格证制度试行工作的通知》（农办质〔2021〕16 号）具体要求，将合格证名称由"食用农产品合格证"调整为"承诺达标合格证"，并对合格证参考样式做了进一步优化。根据上述文件要求，2022 年上半年组织进一步调整和优化了北京市合格证模板和样式，并探索将合格证制度作为主体追溯模式之一，对合格证管理平台相关模块和内容进行调整、完善和细化。同时，持续跟进 2020 年和 2021 年已建 200 个试行主体，对其应用情况、存在问题等进行调研、指导。

一是组织完成了 4 种承诺达标合格证标识模板和样式设计。对北京市合格证模板和样式进行调整和优化，共完成了 4 种合格证样式设计，包括：二联单式合格证、复写式合格证、标签式合格证和电子合格证。

二是启动并细化承诺达标合格证与追溯模块一体化建设。组织有关专家对食用农产品合格证服务管理平台升级完善工作进行了论证，完成了合格证服务平台和追溯服务平台信息同步、合格证平台升级、追溯服务平台升级等 3 项共 16 个具体功能的软件开发任务，具备了推广应用的运行条件。

三是同步开展合格证与追溯模块一体化试点建设工作。在 2020 年和 2021 年合格证试行工作基础上，从全市遴选部分重点生产主体进行承诺达标合格证与质量安全追溯一体化试点应用，开展以二维码为主的电子标识试行，以实现产品"一码双证"。

四是持续跟进合格证试行情况。对房山、通州、昌平、怀柔、大兴、密云、延庆、平谷等 8 个区 38 个乡镇开展试行主体巡查，重点查看、指导、规范食用农产品承诺达标合格证服务平台使用情况、合格证打印设备保存管理情况、使用情况以及合格证开具情况等。

2. 五项举措

（1）早探索，奠定工作基础

2017—2019 年，在原农业部组织开展的六省合格证试点工作基础上，率先在朝阳、房山、平谷等 9 个区开展产地准出模式探索，走在了全国前列，为后期的合格证试行奠定了基础，积累了经验。图 6.2 所示为北京市食用农产品追溯产地准出证明示例。

图 6.2　北京市食用农产品追溯产地准出证明示例

（2）深调研，强化顶层设计

2020年年初，深入房山、延庆、平谷、顺义等7个区典型生产主体进行实地调研，基于不同主体类型、产品包装、销售模式，设计并构建了合格证试行体系，印发了相关工作方案及工作指南，为合格证的全面推进提供了技术支撑。

（3）重服务，强化试行服务

在制定并印发合格证试行工作方案、工作指南等指导材料基础上，采取集中培训、"面对面"集中指导、"一对一"现场讲授以及微信视频、电话释疑等多种方式，强化试点主体及后期应用主体的服务指导，确保合格证填写规范、信息完整、真实有效。同时，以200家试点主体为重点，持续跟进合格证平台使用情况、合格证开具情况、存在问题与需求等，为相关工作决策部署提供数据支撑。

（4）促升级，优化功能模块

2020年平台搭建以来，结合合格证制度调整变化及生产经营主体开具需求，持续调整，不断优化完善公共服务平台功能模块，不断提升平台服务支撑能力。

（5）抓宣传，营造"开证亮证"的良好社会氛围

制作并发放合格证宣传册（图6.3）、明白纸、科普视频，组织研讨交流、答疑解惑现场会，宣传合格证概念、开具主体、开具方式、产品范围、开具内容及法律责任等新规定新要求，营造知法、懂法、守法，依法"开证亮证"的良好社会氛围。

图6.3　农产品质量安全承诺达标合格证宣传册

3. 五项成效

（1）搭建1个公共服务平台（图6.4）

根据全国试行工作要求，结合我市食用农产品生产经营实际，在汲取产地准出试点经验基础上，优化全市合格证制度试行顶层设计，组织搭建"北京市食用农产品承诺达标合格证公共服务平台"，包括PC端、移动打印APP及配套装备

选型，为全市食用农产品生产经营主体开具电子合格证提供技术支撑。

图6.4 北京市食用农产品承诺达标合格证公共服务平台

（2）推进2项管理制度融合

追溯管理制度、承诺达标合格证制度是我国食用农产品质量安全的两项重要管理制度，二者既有区别，又有联系。为此，我们在2020年全国合格证制度试行之初，就率先提出将承诺达标合格证作为主体追溯的一种形式，统筹推进的思路，并在平台功能上进行了细化和完善，实现了合格证与追溯制度的同步推行、同步推进。

（3）构建4类开具生成模式

结合不同类农产品生产经营主体的实际情况，创新性提出并构建了具有首都特色的4类合格证开具生成模式，满足了不同生产类型、经营类型、销售类型实际需求，为合格证的全面推广创造了条件。一是生产主体在食用农产品外包装上自行印刷合格证或将合格证标签粘贴在包装外侧；二是由生产主体自行印制并填写二联单合格证；三是由相关部门印发二联单合格证，然后由生产主体自行填写；四是通过"北京市食用农产品承诺达标合格证公共服务平台"打印合格证，选择不同版式、规格的合格证样式，即可打印带有特定二维码的合格证标签。

（4）建设200家试点应用基地

通过"主体自愿申报、区级评估推荐、市级现场核查"三步走程序，先后在通州、房山、延庆、平谷、大兴、怀柔、昌平、密云共8个区建设合格证试点应用基地200家，开展了公共服务平台、移动打印APP系统及配套装备、不同生产销售类型合格证开具生成模式应用等方面的服务和指导，为北京市合格证相关制度的建立与完善、合格证制度的应用与推广以及合格证制度的入法调研等提供了实践经验，引领13个涉农区进一步推进了合格证的应用。

（5）确保重大活动农产品带证供应

2020年至今，北京市农业农村部门已圆满完成冬奥会、党的二十大等多次重大会议（活动）农产品质量安全服务保障任务。期间，指导所有供应基地，通过前期搭建的公共服务平台、开发的移动打印APP系统及配套装备依规依标开具合格证，确保了供应农产品100%合格、100%带证入村、100%附证进驻地，确保了每箱菜、每包肉、每批鱼、每盒蛋都附有带"二维码"的合格证。

（二）开具要求

1. 规格样式

全国基本样式内容包含产品名称、重量或数量、种植养殖生产者信息（名称、产地、联系方式）、开具日期、承诺事项、承诺依据等。若开展自行检测或委托检测的，可以在合格证上标示。鼓励有条件的主体附带电子合格证、追溯二维码等。

在此基础上，北京市制定三种统一规格和样式，适用于不同的开具方式，生产者根据实际情况参考使用。

（1）二联单式合格证

二联单式合格证包括二联单式（图6.5）或双联复写式。内容应包含基本样式的所有内容。还可通过附加二维码等方式关联食用农产品生产主体其他信息、产品检测结果、生产履历等相关信息。适用于以散装或者非固定包装销售的产品。

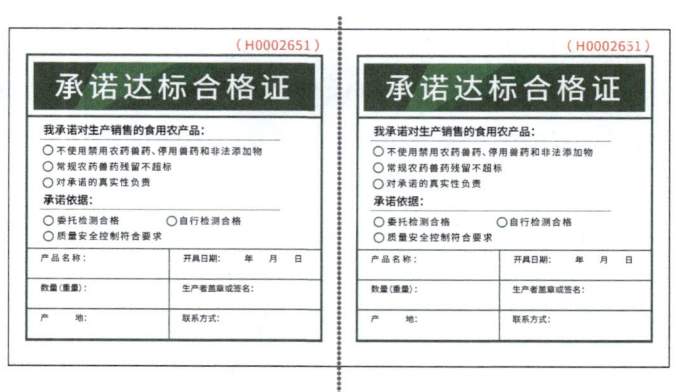

图6.5 二联单式合格证示例

（2）标签式合格证（图6.6）

内容应包含基本样式的所有内容。可通过附加二维码等方式关联食用农产品生产主体其他信息、产品检测结果、生产履历等相关信息。适用于以固定包装出售的产品。

图 6.6　标签式合格证示例

（3）简化版合格证（电子合格证，图 6.7）

内容应至少包含"承诺达标合格证"字样和电子合格证二维码（动态或静态）两部分内容。通过扫描二维码可以直接关联显示"标签式合格证"的完整信息。也可通过附加二维码等方式关联食用农产品生产主体其他信息、产品检测结果、生产履历等相关信息。适用于以固定包装出售、包装体积较小，不适合采用"标签式合格证"的产品。

图 6.7　简化版合格证（电子合格证）示例

2. 开具方式

承诺达标合格证可以采取手工填写、打印等方式开具，鼓励采用信息化手段开具。

（1）预印式

由生产主体自行印刷或者粘贴。生产主体在食用农产品外包装上自行印刷合格证，或者将合格证印制为标签粘贴在包装外侧。建议印刷"标签式合格证"或者"简化版合格证"。

①手填单据式，印制如二联单、标签等形式单、证，其中产品名称、重量或数量、开具时间等需要手工填写。

②包装印刷式，以文字或二维码印制在箱、盒、签等包装上，信息无须手工填写。

（2）打印式

通过"北京市食用农产品承诺达标合格证公共服务平台"打印合格证。在平台上选择不同版式、规格的合格证样式，输入合格证相关信息，打印带有特定二维码的合格证标签，每个标签二维码可扫描查询相关信息。

①移动打印式，以无线连接方式，通过手机APP或小程序填写信息后，经便携打印设备打印（图6.8）。

②工业打印式，以有线连接方式，通过电脑网页或应用程序填写信息后，经工业打印设备打印（图6.9）。

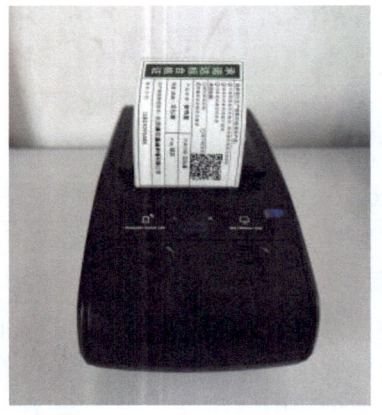 

图6.8　移动式合格证打印设备　　图6.9　工业式合格证打印设备

③桌面打印式，以有线连接方式，通过电脑网页或应用程序填写信息后，经桌面便签打印或普通打印设备打印（图6.10）。

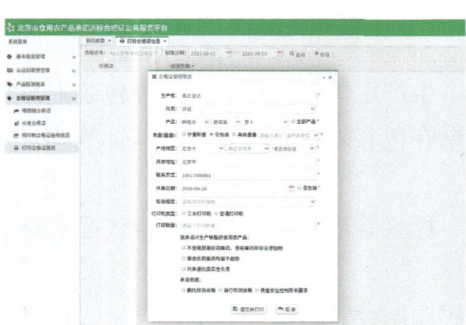 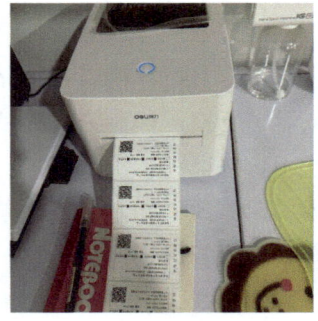

图6.10　桌面打印式合格证打印设备

④称量打印式，以计量称重方式，通过触摸屏填写信息后，经电子秤打印设

备打印（图 6.11）。

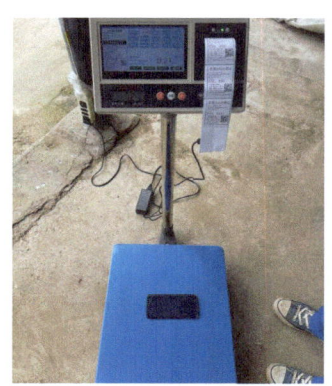

图 6.11　称量打印式合格证打印设备

3. 附带方式

带包装的食用农产品应以销售包装为单元开具承诺达标合格证，张贴、悬挂或印刷在包装材料表面；散装销售的食用农产品应以运输车辆或收购批次为单元，实行一车一证或一批一证，随附同车或同批次使用。

4. 备案保存

食用农产品生产经营主体应当建立承诺达标合格证开具的档案记录，所有开具记录需留存至少 2 年备查。通过追溯、合格证等信息化系统或平台开具承诺达标合格证的，留存合格证开具的电子记录；其他途径开具的合格证可通过拍照、留存原件或复印件等方式保存合格证开具的电子或者纸质台账至少 2 年。

参考文献

曹忠新，2020. 农产品质量安全工作指南 [M]. 北京：中国农业科学技术出版社.

邓绍坡，骆永明，宋静，等，2011. 典型地区多介质环境中多氯联苯、镉致癌风险评估 [J]. 土壤学报，48（4）：731-742.

邓子新，2017. 微生物学 [M]. 北京：高等教育出版社.

郭长江，高蔚娜，谢宗恺，等，2015. 中国蔬菜、水果抗氧化作用与有效成分的研究进展 [J]. 生命科学，27（8）：1000-1004.

郝建强，2015. 农产品质量安全生产指南 [M]. 北京：中国农业科学技术出版社.

何佳璘，段永红，2020. 农作物中多环芳烃污染的研究进展 [J]. 山西农业科学，48（7）：1152-1157，1170.

黄天培，何佩茹，潘洁茹，等，2011. 食品常见真菌毒素的危害及其防止措施 [J]. 生物安全学报，20（2）：108-112.

冷鹏，2019. 蔬菜质量安全控制新技术 [M]. 北京：中国农业科学技术出版社.

李常清，陈左生，李伟等，2004. 土壤中二噁英类物质污染及其污染源 [J]. 地球与环境，32（2）：63-69.

李国利，孟自凤，2015. 农产品质量安全生产指南 [M]. 北京：中国农业科学技术出版社.

梁国帅，陈柏迪，陈志东，等，2021. 土壤中238U、226Ra、210Pb、210Po 在 3 种蔬菜中的转移及食用后剂量估算 [J]. 辐射防护，41（3）：229-236.

刘锐，2017. 农产品质量安全 [M]. 北京：中国农业大学出版社.

农业农村部农产品质量安全中心组，2019. 基层农产品质量安全惠工服务指南 [M]. 北京：中国农业科学技术出版社.

潘静，杨永亮，盖楠，等，2011. 吉林省典型工农业地区多介质样品中有机氯农药和多氯联苯分布特征 [J]. 农业环境科学学报，30（11）：2210-2217.

钱永忠，李培武，2018. 农产品质量安全学概论 [M]. 北京：中国农业出版社.

秦贞奎，2000. 李氏杆菌污染与食品安全 [J]. 中国检验检疫（4）：11.

孙立思，王娜，孔德洋，等，2017. 土壤理化性质对草甘膦残留检测的影响 [J]. 生态与农村环境学报，33（9）：860-864.

孙甜, 2022. 国外蔬菜质量安全发展现状及对我国的启示 [J]. 食品安全（11）: 117-119.

王凤忠, 范蓓, 卢嘉, 等, 2017. 大宗蔬菜收贮运环节质量安全风险管控手册 [M]. 北京: 中国农业科学技术出版社.

王翰霖, 杨永霞, 赵智明, 等. 2024. 农产品质量安全概论 [M]. 北京: 中国农业科学技术出版社.

王珊珊, 乜兰春, 李潘, 等, 2019. 植物病原真菌毒素的分类、致病机制及应用前景 [J]. 江苏农业科学, 47（3）: 94-97. DOI:10.15889/j.issn.1002-1302.2019.03.022.

吴秀敏, 唐丹, 2019. 农产品质量安全管理理论与实践 [M]. 北京: 科学出版社.

辛龙川, 吴文雪, 薛莲, 等, 2021. 红壤不同粒径团聚体对草甘膦农药降解动力学的影响 [J]. 中国生态农业学报（中英文）, 29（5）.

徐沛, 丁艳菲, 孙承业, 2022. 植物质量安全生物学 [M]. 北京: 科学出版社.

余智颖, 范楷, 黄晴雯, 等, 2025. 上海市常见蔬菜中真菌毒素污染调查研究 [J]. 食品与发酵工业, 51（4）: 271-279.

张晶, 高素艳, 杜兆林, 等, 2022. 粮油作物真菌毒素污染现状及控制 [J]. 农业环境科学学报, 41（12）: 2680-2687.

张峻搏, 李圆圆, 王建华, 等, 2024. 蔬菜及其制品中真菌毒素的污染与检测技术研究进展 [J]. 上海蔬菜（2）: 100-106.

赵晨霞, 王桂桢, 2015. 农产品质量安全概论 [M]. 北京: 中国农业大学出版社.

周志广, 田洪海, 刘爱民, 等, 2010. 北京市农业区不同使用类型土壤中二噁英类分析 [J]. 环境化学, 29（1）: 18-24.

附录 1

《中华人民共和国农产品质量安全法》
（2022 年修订版）

（2006 年 4 月 29 日第十届全国人民代表大会常务委员会第二十一次会议通过　根据 2018 年 10 月 26 日第十三届全国人民代表大会常务委员会第六次会议《关于修改〈中华人民共和国野生动物保护法〉等十五部法律的决定》修正　2022 年 9 月 2 日第十三届全国人民代表大会常务委员会第三十六次会议修订）

第一章　总　　则

第一条　为了保障农产品质量安全，维护公众健康，促进农业和农村经济发展，制定本法。

第二条　本法所称农产品，是指来源于种植业、林业、畜牧业和渔业等的初级产品，即在农业活动中获得的植物、动物、微生物及其产品。

本法所称农产品质量安全，是指农产品质量达到农产品质量安全标准，符合保障人的健康、安全的要求。

第三条　与农产品质量安全有关的农产品生产经营及其监督管理活动，适用本法。

《中华人民共和国食品安全法》对食用农产品的市场销售、有关质量安全标准的制定、有关安全信息的公布和农业投入品已经作出规定的，应当遵守其规定。

第四条　国家加强农产品质量安全工作，实行源头治理、风险管理、全程控制，建立科学、严格的监督管理制度，构建协同、高效的社会共治体系。

第五条　国务院农业农村主管部门、市场监督管理部门依照本法和规定的职责，对农产品质量安全实施监督管理。

国务院其他有关部门依照本法和规定的职责承担农产品质量安全的有关工作。

第六条　县级以上地方人民政府对本行政区域的农产品质量安全工作负责，

统一领导、组织、协调本行政区域的农产品质量安全工作，建立健全农产品质量安全工作机制，提高农产品质量安全水平。

县级以上地方人民政府应当依照本法和有关规定，确定本级农业农村主管部门、市场监督管理部门和其他有关部门的农产品质量安全监督管理工作职责。各有关部门在职责范围内负责本行政区域的农产品质量安全监督管理工作。

乡镇人民政府应当落实农产品质量安全监督管理责任，协助上级人民政府及其有关部门做好农产品质量安全监督管理工作。

第七条 农产品生产经营者应当对其生产经营的农产品质量安全负责。

农产品生产经营者应当依照法律、法规和农产品质量安全标准从事生产经营活动，诚信自律，接受社会监督，承担社会责任。

第八条 县级以上人民政府应当将农产品质量安全管理工作纳入本级国民经济和社会发展规划，所需经费列入本级预算，加强农产品质量安全监督管理能力建设。

第九条 国家引导、推广农产品标准化生产，鼓励和支持生产绿色优质农产品，禁止生产、销售不符合国家规定的农产品质量安全标准的农产品。

第十条 国家支持农产品质量安全科学技术研究，推行科学的质量安全管理方法，推广先进安全的生产技术。国家加强农产品质量安全科学技术国际交流与合作。

第十一条 各级人民政府及有关部门应当加强农产品质量安全知识的宣传，发挥基层群众性自治组织、农村集体经济组织的优势和作用，指导农产品生产经营者加强质量安全管理，保障农产品消费安全。

新闻媒体应当开展农产品质量安全法律、法规和农产品质量安全知识的公益宣传，对违法行为进行舆论监督。有关农产品质量安全的宣传报道应当真实、公正。

第十二条 农民专业合作社和农产品行业协会等应当及时为其成员提供生产技术服务，建立农产品质量安全管理制度，健全农产品质量安全控制体系，加强自律管理。

第二章　农产品质量安全风险管理和标准制定

第十三条 国家建立农产品质量安全风险监测制度。

国务院农业农村主管部门应当制定国家农产品质量安全风险监测计划，并对重点区域、重点农产品品种进行质量安全风险监测。省、自治区、直辖市人民政府农业农村主管部门应当根据国家农产品质量安全风险监测计划，结合本行政区域农产品生产经营实际，制定本行政区域的农产品质量安全风险监测实施方案，并报国务院农业农村主管部门备案。县级以上地方人民政府农业农村主管部门负责组织实施本行政区域的农产品质量安全风险监测。

县级以上人民政府市场监督管理部门和其他有关部门获知有关农产品质量安全风险信息后，应当立即核实并向同级农业农村主管部门通报。接到通报的农业农村主管部门应当及时上报。制定农产品质量安全风险监测计划、实施方案的部门应当及时研究分析，必要时进行调整。

第十四条 国家建立农产品质量安全风险评估制度。

国务院农业农村主管部门应当设立农产品质量安全风险评估专家委员会，对可能影响农产品质量安全的潜在危害进行风险分析和评估。国务院卫生健康、市场监督管理等部门发现需要对农产品进行质量安全风险评估的，应当向国务院农业农村主管部门提出风险评估建议。

农产品质量安全风险评估专家委员会由农业、食品、营养、生物、环境、医学、化工等方面的专家组成。

第十五条 国务院农业农村主管部门应当根据农产品质量安全风险监测、风险评估结果采取相应的管理措施，并将农产品质量安全风险监测、风险评估结果及时通报国务院市场监督管理、卫生健康等部门和有关省、自治区、直辖市人民政府农业农村主管部门。

县级以上人民政府农业农村主管部门开展农产品质量安全风险监测和风险评估工作时，可以根据需要进入农产品产地、储存场所及批发、零售市场。采集样品应当按照市场价格支付费用。

第十六条 国家建立健全农产品质量安全标准体系，确保严格实施。农产品质量安全标准是强制执行的标准，包括以下与农产品质量安全有关的要求：

（一）农业投入品质量要求、使用范围、用法、用量、安全间隔期和休药期规定；

（二）农产品产地环境、生产过程管控、储存、运输要求；

（三）农产品关键成分指标等要求；

（四）与屠宰畜禽有关的检验规程；

（五）其他与农产品质量安全有关的强制性要求。

《中华人民共和国食品安全法》对食用农产品的有关质量安全标准作出规定的，依照其规定执行。

第十七条 农产品质量安全标准的制定和发布，依照法律、行政法规的规定执行。

制定农产品质量安全标准应当充分考虑农产品质量安全风险评估结果，并听取农产品生产经营者、消费者、有关部门、行业协会等的意见，保障农产品消费安全。

第十八条 农产品质量安全标准应当根据科学技术发展水平以及农产品质量安全的需要，及时修订。

第十九条 农产品质量安全标准由农业农村主管部门商有关部门推进实施。

第三章 农产品产地

第二十条 国家建立健全农产品产地监测制度。

县级以上地方人民政府农业农村主管部门应当会同同级生态环境、自然资源等部门制定农产品产地监测计划，加强农产品产地安全调查、监测和评价工作。

第二十一条 县级以上地方人民政府农业农村主管部门应当会同同级生态环境、自然资源等部门按照保障农产品质量安全的要求，根据农产品品种特性和产地安全调查、监测、评价结果，依照土壤污染防治等法律、法规的规定提出划定特定农产品禁止生产区域的建议，报本级人民政府批准后实施。

任何单位和个人不得在特定农产品禁止生产区域种植、养殖、捕捞、采集特定农产品和建立特定农产品生产基地。

特定农产品禁止生产区域划定和管理的具体办法由国务院农业农村主管部门商国务院生态环境、自然资源等部门制定。

第二十二条 任何单位和个人不得违反有关环境保护法律、法规的规定向农产品产地排放或者倾倒废水、废气、固体废物或者其他有毒有害物质。

农业生产用水和用作肥料的固体废物，应当符合法律、法规和国家有关强制性标准的要求。

第二十三条 农产品生产者应当科学合理使用农药、兽药、肥料、农用薄膜等农业投入品，防止对农产品产地造成污染。

农药、肥料、农用薄膜等农业投入品的生产者、经营者、使用者应当按照国家有关规定回收并妥善处置包装物和废弃物。

第二十四条 县级以上人民政府应当采取措施，加强农产品基地建设，推进农业标准化示范建设，改善农产品的生产条件。

第四章 农产品生产

第二十五条 县级以上地方人民政府农业农村主管部门应当根据本地区的实际情况，制定保障农产品质量安全的生产技术要求和操作规程，并加强对农产品生产经营者的培训和指导。

农业技术推广机构应当加强对农产品生产经营者质量安全知识和技能的培训。国家鼓励科研教育机构开展农产品质量安全培训。

第二十六条 农产品生产企业、农民专业合作社、农业社会化服务组织应当加强农产品质量安全管理。

农产品生产企业应当建立农产品质量安全管理制度，配备相应的技术人员；不具备配备条件的，应当委托具有专业技术知识的人员进行农产品质量安全指导。

国家鼓励和支持农产品生产企业、农民专业合作社、农业社会化服务组织建立和实施危害分析和关键控制点体系，实施良好农业规范，提高农产品质量安全管理水平。

第二十七条 农产品生产企业、农民专业合作社、农业社会化服务组织应当建立农产品生产记录，如实记载下列事项。

（一）使用农业投入品的名称、来源、用法、用量和使用、停用的日期；

（二）动物疫病、农作物病虫害的发生和防治情况；

（三）收获、屠宰或者捕捞的日期。

农产品生产记录应当至少保存两年。禁止伪造、变造农产品生产记录。

国家鼓励其他农产品生产者建立农产品生产记录。

第二十八条 对可能影响农产品质量安全的农药、兽药、饲料和饲料添加剂、肥料、兽医器械，依照有关法律、行政法规的规定实行许可制度。

省级以上人民政府农业农村主管部门应当定期或者不定期组织对可能危及农产品质量安全的农药、兽药、饲料和饲料添加剂、肥料等农业投入品进行监督抽查，并公布抽查结果。

农药、兽药经营者应当依照有关法律、行政法规的规定建立销售台账，记录购买者、销售日期和药品施用范围等内容。

第二十九条 农产品生产经营者应当依照有关法律、行政法规和国家有关强制性标准、国务院农业农村主管部门的规定，科学合理使用农药、兽药、饲料和饲料添加剂、肥料等农业投入品，严格执行农业投入品使用安全间隔期或者休药期的规定；不得超范围、超剂量使用农业投入品危及农产品质量安全。

禁止在农产品生产经营过程中使用国家禁止使用的农业投入品以及其他有毒有害物质。

第三十条 农产品生产场所以及生产活动中使用的设施、设备、消毒剂、洗涤剂等应当符合国家有关质量安全规定，防止污染农产品。

第三十一条 县级以上人民政府农业农村主管部门应当加强对农业投入品使用的监督管理和指导，建立健全农业投入品的安全使用制度，推广农业投入品科学使用技术，普及安全、环保农业投入品的使用。

第三十二条 国家鼓励和支持农产品生产经营者选用优质特色农产品品种，采用绿色生产技术和全程质量控制技术，生产绿色优质农产品，实施分等分级，提高农产品品质，打造农产品品牌。

第三十三条 国家支持农产品产地冷链物流基础设施建设，健全有关农产品冷链物流标准、服务规范和监管保障机制，保障冷链物流农产品畅通高效、安全便捷，扩大高品质市场供给。

从事农产品冷链物流的生产经营者应当依照法律、法规和有关农产品质量安全标准，加强冷链技术创新与应用、质量安全控制，执行对冷链物流农产品及其包装、运输工具、作业环境等的检验检测检疫要求，保证冷链农产品质量安全。

第五章　农产品销售

第三十四条 销售的农产品应当符合农产品质量安全标准。

农产品生产企业、农民专业合作社应当根据质量安全控制要求自行或者委托检测机构对农产品质量安全进行检测；经检测不符合农产品质量安全标准的农产品，应当及时采取管控措施，且不得销售。

农业技术推广等机构应当为农户等农产品生产经营者提供农产品检测技术服务。

第三十五条 农产品在包装、保鲜、储存、运输中所使用的保鲜剂、防腐剂、添加剂、包装材料等，应当符合国家有关强制性标准以及其他农产品质量安全规定。

储存、运输农产品的容器、工具和设备应当安全、无害。禁止将农产品与有毒有害物质一同储存、运输，防止污染农产品。

第三十六条 有下列情形之一的农产品，不得销售。

（一）含有国家禁止使用的农药、兽药或者其他化合物；

（二）农药、兽药等化学物质残留或者含有的重金属等有毒有害物质不符合农产品质量安全标准；

（三）含有的致病性寄生虫、微生物或者生物毒素不符合农产品质量安全标准；

（四）未按照国家有关强制性标准以及其他农产品质量安全规定使用保鲜剂、防腐剂、添加剂、包装材料等，或者使用的保鲜剂、防腐剂、添加剂、包装材料等不符合国家有关强制性标准以及其他质量安全规定；

（五）病死、毒死或者死因不明的动物及其产品；

（六）其他不符合农产品质量安全标准的情形。

对前款规定不得销售的农产品，应当依照法律、法规的规定进行处置。

第三十七条 农产品批发市场应当按照规定设立或者委托检测机构，对进场销售的农产品质量安全状况进行抽查检测；发现不符合农产品质量安全标准的，应当要求销售者立即停止销售，并向所在地市场监督管理、农业农村等部门报告。

农产品销售企业对其销售的农产品，应当建立健全进货检查验收制度；经查验不符合农产品质量安全标准的，不得销售。

食品生产者采购农产品等食品原料，应当依照《中华人民共和国食品安全法》的规定查验许可证和合格证明，对无法提供合格证明的，应当按照规定进行检验。

第三十八条 农产品生产企业、农民专业合作社以及从事农产品收购的单位或者个人销售的农产品，按照规定应当包装或者附加承诺达标合格证等标识的，须经包装或者附加标识后方可销售。包装物或者标识上应当按照规定标明产品的品名、产地、生产者、生产日期、保质期、产品质量等级等内容；使用添加剂的，还应当按照规定标明添加剂的名称。具体办法由国务院农业农村主管部门制定。

第三十九条 农产品生产企业、农民专业合作社应当执行法律、法规的规定和国家有关强制性标准，保证其销售的农产品符合农产品质量安全标准，并根据质量安全控制、检测结果等开具承诺达标合格证，承诺不使用禁用的农药、兽药及其他化合物且使用的常规农药、兽药残留不超标等。鼓励和支持农户销售农产品时开具承诺达标合格证。法律、行政法规对畜禽产品的质量安全合格证明有特别规定的，应当遵守其规定。

从事农产品收购的单位或者个人应当按照规定收取、保存承诺达标合格证或者其他质量安全合格证明，对其收购的农产品进行混装或者分装后销售的，应当按照规定开具承诺达标合格证。

农产品批发市场应当建立健全农产品承诺达标合格证查验等制度。

县级以上人民政府农业农村主管部门应当做好承诺达标合格证有关工作的指导服务，加强日常监督检查。

农产品质量安全承诺达标合格证管理办法由国务院农业农村主管部门会同国务院有关部门制定。

第四十条 农产品生产经营者通过网络平台销售农产品的，应当依照本法和《中华人民共和国电子商务法》《中华人民共和国食品安全法》等法律、法规的规定，严格落实质量安全责任，保证其销售的农产品符合质量安全标准。网络平台经营者应当依法加强对农产品生产经营者的管理。

第四十一条 国家对列入农产品质量安全追溯目录的农产品实施追溯管理。国务院农业农村主管部门应当会同国务院市场监督管理等部门建立农产品质量安全追溯协作机制。农产品质量安全追溯管理办法和追溯目录由国务院农业农村主管部门会同国务院市场监督管理等部门制定。

国家鼓励具备信息化条件的农产品生产经营者采用现代信息技术手段采集、留存生产记录、购销记录等生产经营信息。

第四十二条 农产品质量符合国家规定的有关优质农产品标准的，农产品生产经营者可以申请使用农产品质量标志。禁止冒用农产品质量标志。

国家加强地理标志农产品保护和管理。

第四十三条 属于农业转基因生物的农产品，应当按照农业转基因生物安全管理的有关规定进行标识。

第四十四条 依法需要实施检疫的动植物及其产品，应当附具检疫标志、检疫证明。

第六章 监督管理

第四十五条 县级以上人民政府农业农村主管部门和市场监督管理等部门应当建立健全农产品质量安全全程监督管理协作机制，确保农产品从生产到消费各环节的质量安全。

县级以上人民政府农业农村主管部门和市场监督管理部门应当加强收购、储存、运输过程中农产品质量安全监督管理的协调配合和执法衔接，及时通报和共享农产品质量安全监督管理信息，并按照职责权限，发布有关农产品质量安全日常监督管理信息。

第四十六条 县级以上人民政府农业农村主管部门应当根据农产品质量安全风险监测、风险评估结果和农产品质量安全状况等，制定监督抽查计划，确定农产品质量安全监督抽查的重点、方式和频次，并实施农产品质量安全风险分级管理。

第四十七条 县级以上人民政府农业农村主管部门应当建立健全随机抽查机制，按照监督抽查计划，组织开展农产品质量安全监督抽查。

农产品质量安全监督抽查检测应当委托符合本法规定条件的农产品质量安全检测机构进行。监督抽查不得向被抽查人收取费用，抽取的样品应当按照市场价格支付费用，并不得超过国务院农业农村主管部门规定的数量。

上级农业农村主管部门监督抽查的同批次农产品，下级农业农村主管部门不得另行重复抽查。

第四十八条 农产品质量安全检测应当充分利用现有的符合条件的检测机构。

从事农产品质量安全检测的机构，应当具备相应的检测条件和能力，由省级以上人民政府农业农村主管部门或者其授权的部门考核合格。具体办法由国务院农业农村主管部门制定。

农产品质量安全检测机构应当依法经资质认定。

第四十九条 从事农产品质量安全检测工作的人员，应当具备相应的专业知识和实际操作技能，遵纪守法，恪守职业道德。

农产品质量安全检测机构对出具的检测报告负责。检测报告应当客观公正，检测数据应当真实可靠，禁止出具虚假检测报告。

第五十条 县级以上地方人民政府农业农村主管部门可以采用国务院农业农村主管部门会同国务院市场监督管理等部门认定的快速检测方法，开展农产品质量安全监督抽查检测。抽查检测结果确定有关农产品不符合农产品质量安全标准的，可以作为行政处罚的证据。

第五十一条 农产品生产经营者对监督抽查检测结果有异议的，可以自收到检测结果之日起五个工作日内，向实施农产品质量安全监督抽查的农业农村主管部门或者其上一级农业农村主管部门申请复检。复检机构与初检机构不得为同一机构。

采用快速检测方法进行农产品质量安全监督抽查检测，被抽查人对检测结果有异议的，可以自收到检测结果时起四小时内申请复检。复检不得采用快速检测方法。

复检机构应当自收到复检样品之日起七个工作日内出具检测报告。

因检测结果错误给当事人造成损害的，依法承担赔偿责任。

第五十二条 县级以上地方人民政府农业农村主管部门应当加强对农产品生产的监督管理，开展日常检查，重点检查农产品产地环境、农业投入品购买和使用、农产品生产记录、承诺达标合格证开具等情况。

国家鼓励和支持基层群众性自治组织建立农产品质量安全信息员工作制度，协助开展有关工作。

第五十三条 开展农产品质量安全监督检查，有权采取下列措施。

（一）进入生产经营场所进行现场检查，调查了解农产品质量安全的有关情况；

（二）查阅、复制农产品生产记录、购销台账等与农产品质量安全有关的资料；

（三）抽样检测生产经营的农产品和使用的农业投入品以及其他有关产品；

（四）查封、扣押有证据证明存在农产品质量安全隐患或者经检测不符合农产品质量安全标准的农产品；

（五）查封、扣押有证据证明可能危及农产品质量安全或者经检测不符合产品质量标准的农业投入品以及其他有毒有害物质；

（六）查封、扣押用于违法生产经营农产品的设施、设备、场所以及运输工具；

（七）收缴伪造的农产品质量标志。

农产品生产经营者应当协助、配合农产品质量安全监督检查，不得拒绝、阻挠。

第五十四条 县级以上人民政府农业农村等部门应当加强农产品质量安全信用体系建设，建立农产品生产经营者信用记录，记载行政处罚等信息，推进农产品质量安全信用信息的应用和管理。

第五十五条 农产品生产经营过程中存在质量安全隐患，未及时采取措施消除的，县级以上地方人民政府农业农村主管部门可以对农产品生产经营者的法定代表人或者主要负责人进行责任约谈。农产品生产经营者应当立即采取措施，进行整改，消除隐患。

第五十六条 国家鼓励消费者协会和其他单位或者个人对农产品质量安全进行社会监督，对农产品质量安全监督管理工作提出意见和建议。任何单位和个人有权对违反本法的行为进行检举控告、投诉举报。

县级以上人民政府农业农村主管部门应当建立农产品质量安全投诉举报制度，公开投诉举报渠道，收到投诉举报后，应当及时处理。对不属于本部门职责的，应当移交有权处理的部门并书面通知投诉举报人。

第五十七条 县级以上地方人民政府农业农村主管部门应当加强对农产品质量安全执法人员的专业技术培训并组织考核。不具备相应知识和能力的，不得从事农产品质量安全执法工作。

第五十八条 上级人民政府应当督促下级人民政府履行农产品质量安全职责。对农产品质量安全责任落实不力、问题突出的地方人民政府，上级人民政府可以对其主要负责人进行责任约谈。被约谈的地方人民政府应当立即采取整改措施。

第五十九条 国务院农业农村主管部门应当会同国务院有关部门制定国家农产品质量安全突发事件应急预案，并与国家食品安全事故应急预案相衔接。

县级以上地方人民政府应当根据有关法律、行政法规的规定和上级人民政府的农产品质量安全突发事件应急预案，制定本行政区域的农产品质量安全突发事件应急预案。

发生农产品质量安全事故时，有关单位和个人应当采取控制措施，及时向所在地乡镇人民政府和县级人民政府农业农村等部门报告；收到报告的机关应当按照农产品质量安全突发事件应急预案及时处理并报本级人民政府、上级人民政府有关部门。发生重大农产品质量安全事故时，按照规定上报国务院及其有关部门。

任何单位和个人不得隐瞒、谎报、缓报农产品质量安全事故，不得隐匿、伪造、毁灭有关证据。

第六十条 县级以上地方人民政府市场监督管理部门依照本法和《中华人民共和国食品安全法》等法律、法规的规定，对农产品进入批发、零售市场或者生产加工企业后的生产经营活动进行监督检查。

第六十一条 县级以上人民政府农业农村、市场监督管理等部门发现农产品质量安全违法行为涉嫌犯罪的，应当及时将案件移送公安机关。对移送的案件，公安机关应当及时审查；认为有犯罪事实需要追究刑事责任的，应当立案侦查。

公安机关对依法不需要追究刑事责任但应当给予行政处罚的，应当及时将案件移送农业农村、市场监督管理等部门，有关部门应当依法处理。

公安机关商请农业农村、市场监督管理、生态环境等部门提供检验结论、认定意见以及对涉案农产品进行无害化处理等协助的,有关部门应当及时提供、予以协助。

第七章　法律责任

第六十二条　违反本法规定,地方各级人民政府有下列情形之一的,对直接负责的主管人员和其他直接责任人员给予警告、记过、记大过处分;造成严重后果的,给予降级或者撤职处分。

(一)未确定有关部门的农产品质量安全监督管理工作职责,未建立健全农产品质量安全工作机制,或者未落实农产品质量安全监督管理责任;

(二)未制定本行政区域的农产品质量安全突发事件应急预案,或者发生农产品质量安全事故后未按照规定启动应急预案。

第六十三条　违反本法规定,县级以上人民政府农业农村等部门有下列行为之一的,对直接负责的主管人员和其他直接责任人员给予记大过处分;情节较重的,给予降级或者撤职处分;情节严重的,给予开除处分;造成严重后果的,其主要负责人还应当引咎辞职。

(一)隐瞒、谎报、缓报农产品质量安全事故或者隐匿、伪造、毁灭有关证据;

(二)未按照规定查处农产品质量安全事故,或者接到农产品质量安全事故报告未及时处理,造成事故扩大或者蔓延;

(三)发现农产品质量安全重大风险隐患后,未及时采取相应措施,造成农产品质量安全事故或者不良社会影响;

(四)不履行农产品质量安全监督管理职责,导致发生农产品质量安全事故。

第六十四条　县级以上地方人民政府农业农村、市场监督管理等部门在履行农产品质量安全监督管理职责过程中,违法实施检查、强制等执法措施,给农产品生产经营者造成损失的,应当依法予以赔偿,对直接负责的主管人员和其他直接责任人员依法给予处分。

第六十五条　农产品质量安全检测机构、检测人员出具虚假检测报告的,由县级以上人民政府农业农村主管部门没收所收取的检测费用,检测费用不足一万元的,并处五万元以上十万元以下罚款,检测费用一万元以上的,并处检测费用五倍以上十倍以下罚款;对直接负责的主管人员和其他直接责任人员处一万元以上五万元以下罚款;使消费者的合法权益受到损害的,农产品质量安全检测机构应当与农产品生产经营者承担连带责任。

因农产品质量安全违法行为受到刑事处罚或者因出具虚假检测报告导致发生重大农产品质量安全事故的检测人员，终身不得从事农产品质量安全检测工作。农产品质量安全检测机构不得聘用上述人员。

农产品质量安全检测机构有前两款违法行为的，由授予其资质的主管部门或者机构吊销该农产品质量安全检测机构的资质证书。

第六十六条 违反本法规定，在特定农产品禁止生产区域种植、养殖、捕捞、采集特定农产品或者建立特定农产品生产基地的，由县级以上地方人民政府农业农村主管部门责令停止违法行为，没收农产品和违法所得，并处违法所得一倍以上三倍以下罚款。

违反法律、法规规定，向农产品产地排放或者倾倒废水、废气、固体废物或者其他有毒有害物质的，依照有关环境保护法律、法规的规定处理、处罚；造成损害的，依法承担赔偿责任。

第六十七条 农药、肥料、农用薄膜等农业投入品的生产者、经营者、使用者未按照规定回收并妥善处置包装物或者废弃物的，由县级以上地方人民政府农业农村主管部门依照有关法律、法规的规定处理、处罚。

第六十八条 违反本法规定，农产品生产企业有下列情形之一的，由县级以上地方人民政府农业农村主管部门责令限期改正；逾期不改正的，处五千元以上五万元以下罚款。

（一）未建立农产品质量安全管理制度；

（二）未配备相应的农产品质量安全管理技术人员，且未委托具有专业技术知识的人员进行农产品质量安全指导。

第六十九条 农产品生产企业、农民专业合作社、农业社会化服务组织未依照本法规定建立、保存农产品生产记录，或者伪造、变造农产品生产记录的，由县级以上地方人民政府农业农村主管部门责令限期改正；逾期不改正的，处二千元以上二万元以下罚款。

第七十条 违反本法规定，农产品生产经营者有下列行为之一，尚不构成犯罪的，由县级以上地方人民政府农业农村主管部门责令停止生产经营、追回已经销售的农产品，对违法生产经营的农产品进行无害化处理或者予以监督销毁，没收违法所得，并可以没收用于违法生产经营的工具、设备、原料等物品；违法生产经营的农产品货值金额不足一万元的，并处十万元以上十五万元以下罚款，货值金额一万元以上的，并处货值金额十五倍以上三十倍以下罚款；对农户，并处一千元以上一万元以下罚款；情节严重的，有许可证的吊销许可证，并可以由公安机关对其直接负责的主管人员和其他直接责任人员处五日以上十五日以下拘留。

（一）在农产品生产经营过程中使用国家禁止使用的农业投入品或者其他有毒有害物质；

（二）销售含有国家禁止使用的农药、兽药或者其他化合物的农产品；

（三）销售病死、毒死或者死因不明的动物及其产品。

明知农产品生产经营者从事前款规定的违法行为，仍为其提供生产经营场所或者其他条件的，由县级以上地方人民政府农业农村主管部门责令停止违法行为，没收违法所得，并处十万元以上二十万元以下罚款；使消费者的合法权益受到损害的，应当与农产品生产经营者承担连带责任。

第七十一条　违反本法规定，农产品生产经营者有下列行为之一，尚不构成犯罪的，由县级以上地方人民政府农业农村主管部门责令停止生产经营、追回已经销售的农产品，对违法生产经营的农产品进行无害化处理或者予以监督销毁，没收违法所得，并可以没收用于违法生产经营的工具、设备、原料等物品；违法生产经营的农产品货值金额不足一万元的，并处五万元以上十万元以下罚款，货值金额一万元以上的，并处货值金额十倍以上二十倍以下罚款；对农户，并处五百元以上五千元以下罚款。

（一）销售农药、兽药等化学物质残留或者含有的重金属等有毒有害物质不符合农产品质量安全标准的农产品；

（二）销售含有的致病性寄生虫、微生物或者生物毒素不符合农产品质量安全标准的农产品；

（三）销售其他不符合农产品质量安全标准的农产品。

第七十二条　违反本法规定，农产品生产经营者有下列行为之一的，由县级以上地方人民政府农业农村主管部门责令停止生产经营、追回已经销售的农产品，对违法生产经营的农产品进行无害化处理或者予以监督销毁，没收违法所得，并可以没收用于违法生产经营的工具、设备、原料等物品；违法生产经营的农产品货值金额不足一万元的，并处五千元以上五万元以下罚款，货值金额一万元以上的，并处货值金额五倍以上十倍以下罚款；对农户，并处三百元以上三千元以下罚款。

（一）在农产品生产场所以及生产活动中使用的设施、设备、消毒剂、洗涤剂等不符合国家有关质量安全规定的；

（二）未按照国家有关强制性标准或者其他农产品质量安全规定使用保鲜剂、

防腐剂、添加剂、包装材料等，或者使用的保鲜剂、防腐剂、添加剂、包装材料等不符合国家有关强制性标准或者其他质量安全规定；

（三）将农产品与有毒有害物质一同储存、运输。

第七十三条 违反本法规定，有下列行为之一的，由县级以上地方人民政府农业农村主管部门按照职责给予批评教育，责令限期改正；逾期不改正的，处一百元以上一千元以下罚款。

（一）农产品生产企业、农民专业合作社、从事农产品收购的单位或者个人未按照规定开具承诺达标合格证；

（二）从事农产品收购的单位或者个人未按照规定收取、保存承诺达标合格证或者其他合格证明。

第七十四条 农产品生产经营者冒用农产品质量标志，或者销售冒用农产品质量标志的农产品的，由县级以上地方人民政府农业农村主管部门按照职责责令改正，没收违法所得；违法生产经营的农产品货值金额不足五千元的，并处五千元以上五万元以下罚款，货值金额五千元以上的，并处货值金额十倍以上二十倍以下罚款。

第七十五条 违反本法关于农产品质量安全追溯规定的，由县级以上地方人民政府农业农村主管部门按照职责责令限期改正；逾期不改正的，可以处一万元以下罚款。

第七十六条 违反本法规定，拒绝、阻挠依法开展的农产品质量安全监督检查、事故调查处理、抽样检测和风险评估的，由有关主管部门按照职责责令停产停业，并处二千元以上五万元以下罚款；构成违反治安管理行为的，由公安机关依法给予治安管理处罚。

第七十七条 《中华人民共和国食品安全法》对食用农产品进入批发、零售市场或者生产加工企业后的违法行为和法律责任有规定的，由县级以上地方人民政府市场监督管理部门依照其规定进行处罚。

第七十八条 违反本法规定，构成犯罪的，依法追究刑事责任。

第七十九条 违反本法规定，给消费者造成人身、财产或者其他损害的，依法承担民事赔偿责任。生产经营者财产不足以同时承担民事赔偿责任和缴纳罚款、罚金时，先承担民事赔偿责任。

食用农产品生产经营者违反本法规定，污染环境、侵害众多消费者合法权益，损害社会公共利益的，人民检察院可以依照《中华人民共和国民事诉讼法》《中华人民共和国行政诉讼法》等法律的规定向人民法院提起诉讼。

第八章　附　　则

第八十条　粮食收购、储存、运输环节的质量安全管理,依照有关粮食管理的法律、行政法规执行。

第八十一条　本法自 2023 年 1 月 1 日起施行。

附录 2

《农药管理条例》
（2022 年修订版）

（1997 年 5 月 8 日中华人民共和国国务院令第 216 号发布　根据 2001 年 11 月 29 日《国务院关于修改〈农药管理条例〉的决定》第一次修订　2017 年 2 月 8 日国务院第 164 次常务会议修订通过　根据 2022 年 3 月 29 日《国务院关于修改和废止部分行政法规的决定》第二次修订）

第一章　总　则

第一条　为了加强农药管理，保证农药质量，保障农产品质量安全和人畜安全，保护农业、林业生产和生态环境，制定本条例。

第二条　本条例所称农药，是指用于预防、控制危害农业、林业的病、虫、草、鼠和其他有害生物以及有目的地调节植物、昆虫生长的化学合成或者来源于生物、其他天然物质的一种物质或者几种物质的混合物及其制剂。

前款规定的农药包括用于不同目的、场所的下列各类。

（一）预防、控制危害农业、林业的病、虫（包括昆虫、蜱、螨）、草、鼠、软体动物和其他有害生物；

（二）预防、控制仓储以及加工场所的病、虫、鼠和其他有害生物；

（三）调节植物、昆虫生长；

（四）农业、林业产品防腐或者保鲜；

（五）预防、控制蚊、蝇、蜚蠊、鼠和其他有害生物；

（六）预防、控制危害河流堤坝、铁路、码头、机场、建筑物和其他场所的有害生物。

第三条　国务院农业主管部门负责全国的农药监督管理工作。

县级以上地方人民政府农业主管部门负责本行政区域的农药监督管理工作。

县级以上人民政府其他有关部门在各自职责范围内负责有关的农药监督管理工作。

第四条 县级以上地方人民政府应当加强对农药监督管理工作的组织领导，将农药监督管理经费列入本级政府预算，保障农药监督管理工作的开展。

第五条 农药生产企业、农药经营者应当对其生产、经营的农药的安全性、有效性负责，自觉接受政府监管和社会监督。

农药生产企业、农药经营者应当加强行业自律，规范生产、经营行为。

第六条 国家鼓励和支持研制、生产、使用安全、高效、经济的农药，推进农药专业化使用，促进农药产业升级。

对在农药研制、推广和监督管理等工作中作出突出贡献的单位和个人，按照国家有关规定予以表彰或者奖励。

第二章 农药登记

第七条 国家实行农药登记制度。农药生产企业、向中国出口农药的企业应当依照本条例的规定申请农药登记，新农药研制者可以依照本条例的规定申请农药登记。

国务院农业主管部门所属的负责农药检定工作的机构负责农药登记具体工作。省、自治区、直辖市人民政府农业主管部门所属的负责农药检定工作的机构协助做好本行政区域的农药登记具体工作。

第八条 国务院农业主管部门组织成立农药登记评审委员会，负责农药登记评审。

农药登记评审委员会由下列人员组成：

（一）国务院农业、林业、卫生、环境保护、粮食、工业行业管理、安全生产监督管理等有关部门和供销合作总社等单位推荐的农药产品化学、药效、毒理、残留、环境、质量标准和检测等方面的专家；

（二）国家食品安全风险评估专家委员会的有关专家；

（三）国务院农业、林业、卫生、环境保护、粮食、工业行业管理、安全生产监督管理等有关部门和供销合作总社等单位的代表。

农药登记评审规则由国务院农业主管部门制定。

第九条 申请农药登记的，应当进行登记试验。

农药的登记试验应当报所在地省、自治区、直辖市人民政府农业主管部门备案。

第十条 登记试验应当由国务院农业主管部门认定的登记试验单位按照国务院农业主管部门的规定进行。

与已取得中国农药登记的农药组成成分、使用范围和使用方法相同的农药，免予残留、环境试验，但已取得中国农药登记的农药依照本条例第十五条的规定在登记资料保护期内的，应当经农药登记证持有人授权同意。

登记试验单位应当对登记试验报告的真实性负责。

第十一条 登记试验结束后，申请人应当向所在地省、自治区、直辖市人民政府农业主管部门提出农药登记申请，并提交登记试验报告、标签样张和农药产品质量标准及其检验方法等申请资料；申请新农药登记的，还应当提供农药标准品。

省、自治区、直辖市人民政府农业主管部门应当自受理申请之日起20个工作日内提出初审意见，并报送国务院农业主管部门。

向中国出口农药的企业申请农药登记的，应当持本条第一款规定的资料、农药标准品以及在有关国家（地区）登记、使用的证明材料，向国务院农业主管部门提出申请。

第十二条 国务院农业主管部门受理申请或者收到省、自治区、直辖市人民政府农业主管部门报送的申请资料后，应当组织审查和登记评审，并自收到评审意见之日起20个工作日内作出审批决定，符合条件的，核发农药登记证；不符合条件的，书面通知申请人并说明理由。

第十三条 农药登记证应当载明农药名称、剂型、有效成分及其含量、毒性、使用范围、使用方法和剂量、登记证持有人、登记证号以及有效期等事项。

农药登记证有效期为5年。有效期届满，需要继续生产农药或者向中国出口农药的，农药登记证持有人应当在有效期届满90日前向国务院农业主管部门申请延续。

农药登记证载明事项发生变化的，农药登记证持有人应当按照国务院农业主管部门的规定申请变更农药登记证。

国务院农业主管部门应当及时公告农药登记证核发、延续、变更情况以及有关的农药产品质量标准号、残留限量规定、检验方法、经核准的标签等信息。

第十四条 新农药研制者可以转让其已取得登记的新农药的登记资料；农药生产企业可以向具有相应生产能力的农药生产企业转让其已取得登记的农药的登记资料。

第十五条 国家对取得首次登记的、含有新化合物的农药的申请人提交的其自己所取得且未披露的试验数据和其他数据实施保护。

自登记之日起6年内，对其他申请人未经已取得登记的申请人同意，使用前款规定的数据申请农药登记的,登记机关不予登记;但是,其他申请人提交其自己所取得的数据的除外。

除下列情况外,登记机关不得披露本条第一款规定的数据。

(一)公共利益需要;

(二)已采取措施确保该类信息不会被不正当地进行商业使用。

第三章 农药生产

第十六条 农药生产应当符合国家产业政策。国家鼓励和支持农药生产企业采用先进技术和先进管理规范,提高农药的安全性、有效性。

第十七条 国家实行农药生产许可制度。农药生产企业应当具备下列条件,并按照国务院农业主管部门的规定向省、自治区、直辖市人民政府农业主管部门申请农药生产许可证。

(一)有与所申请生产农药相适应的技术人员;

(二)有与所申请生产农药相适应的厂房、设施;

(三)有对所申请生产农药进行质量管理和质量检验的人员、仪器和设备;

(四)有保证所申请生产农药质量的规章制度。

省、自治区、直辖市人民政府农业主管部门应当自受理申请之日起20个工作日内作出审批决定,必要时应当进行实地核查。符合条件的,核发农药生产许可证;不符合条件的,书面通知申请人并说明理由。

安全生产、环境保护等法律、行政法规对企业生产条件有其他规定的,农药生产企业还应当遵守其规定。

第十八条 农药生产许可证应当载明农药生产企业名称、住所、法定代表人(负责人)、生产范围、生产地址以及有效期等事项。

农药生产许可证有效期为5年。有效期届满,需要继续生产农药的,农药生产企业应当在有效期届满90日前向省、自治区、直辖市人民政府农业主管部门申请延续。

农药生产许可证载明事项发生变化的,农药生产企业应当按照国务院农业主管部门的规定申请变更农药生产许可证。

第十九条 委托加工、分装农药的,委托人应当取得相应的农药登记证,受托人应当取得农药生产许可证。

委托人应当对委托加工、分装的农药质量负责。

第二十条 农药生产企业采购原材料,应当查验产品质量检验合格证和有关许可证明文件，不得采购、使用未依法附具产品质量检验合格证、未依法取得有关许可证明文件的原材料。

农药生产企业应当建立原材料进货记录制度，如实记录原材料的名称、有关许可证明文件编号、规格、数量、供货人名称及其联系方式、进货日期等内容。原材料进货记录应当保存2年以上。

第二十一条 农药生产企业应当严格按照产品质量标准进行生产，确保农药产品与登记农药一致。农药出厂销售，应当经质量检验合格并附具产品质量检验合格证。

农药生产企业应当建立农药出厂销售记录制度，如实记录农药的名称、规格、数量、生产日期和批号、产品质量检验信息、购货人名称及其联系方式、销售日期等内容。农药出厂销售记录应当保存2年以上。

第二十二条 农药包装应当符合国家有关规定，并印制或者贴有标签。国家鼓励农药生产企业使用可回收的农药包装材料。

农药标签应当按照国务院农业主管部门的规定，以中文标注农药的名称、剂型、有效成分及其含量、毒性及其标识、使用范围、使用方法和剂量、使用技术要求和注意事项、生产日期、可追溯电子信息码等内容。

剧毒、高毒农药以及使用技术要求严格的其他农药等限制使用农药的标签还应当标注"限制使用"字样，并注明使用的特别限制和特殊要求。用于食用农产品的农药的标签还应当标注安全间隔期。

第二十三条 农药生产企业不得擅自改变经核准的农药的标签内容，不得在农药的标签中标注虚假、误导使用者的内容。

农药包装过小，标签不能标注全部内容的，应当同时附具说明书，说明书的内容应当与经核准的标签内容一致。

第四章　农药经营

第二十四条 国家实行农药经营许可制度，但经营卫生用农药的除外。农药经营者应当具备下列条件，并按照国务院农业主管部门的规定向县级以上地方人民政府农业主管部门申请农药经营许可证。

（一）有具备农药和病虫害防治专业知识，熟悉农药管理规定，能够指导安全合理使用农药的经营人员；

（二）有与其他商品以及饮用水水源、生活区域等有效隔离的营业场所和仓储场所，并配备与所申请经营农药相适应的防护设施；

（三）有与所申请经营农药相适应的质量管理、台账记录、安全防护、应急处置、仓储管理等制度。

经营限制使用农药的，还应当配备相应的用药指导和病虫害防治专业技术人员，并按照所在地省、自治区、直辖市人民政府农业主管部门的规定实行定点经营。

县级以上地方人民政府农业主管部门应当自受理申请之日起20个工作日内作出审批决定。符合条件的，核发农药经营许可证；不符合条件的，书面通知申请人并说明理由。

第二十五条　农药经营许可证应当载明农药经营者名称、住所、负责人、经营范围以及有效期等事项。

农药经营许可证有效期为5年。有效期届满，需要继续经营农药的，农药经营者应当在有效期届满90日前向发证机关申请延续。

农药经营许可证载明事项发生变化的，农药经营者应当按照国务院农业主管部门的规定申请变更农药经营许可证。

取得农药经营许可证的农药经营者设立分支机构的，应当依法申请变更农药经营许可证，并向分支机构所在地县级以上地方人民政府农业主管部门备案，其分支机构免予办理农药经营许可证。农药经营者应当对其分支机构的经营活动负责。

第二十六条　农药经营者采购农药应当查验产品包装、标签、产品质量检验合格证以及有关许可证明文件，不得向未取得农药生产许可证的农药生产企业或者未取得农药经营许可证的其他农药经营者采购农药。

农药经营者应当建立采购台账，如实记录农药的名称、有关许可证明文件编号、规格、数量、生产企业和供货人名称及其联系方式、进货日期等内容。采购台账应当保存2年以上。

第二十七条　农药经营者应当建立销售台账，如实记录销售农药的名称、规格、数量、生产企业、购买人、销售日期等内容。销售台账应当保存2年以上。

农药经营者应当向购买人询问病虫害发生情况并科学推荐农药，必要时应当实地查看病虫害发生情况，并正确说明农药的使用范围、使用方法和剂量、使用技术要求和注意事项，不得误导购买人。

经营卫生用农药的，不适用本条第一款、第二款的规定。

第二十八条　农药经营者不得加工、分装农药，不得在农药中添加任何物质，不得采购、销售包装和标签不符合规定，未附具产品质量检验合格证，未取得有关许可证明文件的农药。

经营卫生用农药的，应当将卫生用农药与其他商品分柜销售；经营其他农药的，不得在农药经营场所内经营食品、食用农产品、饲料等。

第二十九条 境外企业不得直接在中国销售农药。境外企业在中国销售农药的，应当依法在中国设立销售机构或者委托符合条件的中国代理机构销售。

向中国出口的农药应当附具中文标签、说明书，符合产品质量标准，并经出入境检验检疫部门依法检验合格。禁止进口未取得农药登记证的农药。

办理农药进出口海关申报手续，应当按照海关总署的规定出示相关证明文件。

第五章 农药使用

第三十条 县级以上人民政府农业主管部门应当加强农药使用指导、服务工作，建立健全农药安全、合理使用制度，并按照预防为主、综合防治的要求，组织推广农药科学使用技术，规范农药使用行为。林业、粮食、卫生等部门应当加强对林业、储粮、卫生用农药安全、合理使用的技术指导，环境保护主管部门应当加强对农药使用过程中环境保护和污染防治的技术指导。

第三十一条 县级人民政府农业主管部门应当组织植物保护、农业技术推广等机构向农药使用者提供免费技术培训，提高农药安全、合理使用水平。

国家鼓励农业科研单位、有关学校、农民专业合作社、供销合作社、农业社会化服务组织和专业人员为农药使用者提供技术服务。

第三十二条 国家通过推广生物防治、物理防治、先进施药器械等措施，逐步减少农药使用量。

县级人民政府应当制定并组织实施本行政区域的农药减量计划；对实施农药减量计划、自愿减少农药使用量的农药使用者，给予鼓励和扶持。

县级人民政府农业主管部门应当鼓励和扶持设立专业化病虫害防治服务组织，并对专业化病虫害防治和限制使用农药的配药、用药进行指导、规范和管理，提高病虫害防治水平。

县级人民政府农业主管部门应当指导农药使用者有计划地轮换使用农药，减缓危害农业、林业的病、虫、草、鼠和其他有害生物的抗药性。

乡、镇人民政府应当协助开展农药使用指导、服务工作。

第三十三条 农药使用者应当遵守国家有关农药安全、合理使用制度，妥善保管农药，并在配药、用药过程中采取必要的防护措施，避免发生农药使用事故。

限制使用农药的经营者应当为农药使用者提供用药指导，并逐步提供统一用药服务。

第三十四条 农药使用者应当严格按照农药的标签标注的使用范围、使用方法和剂量、使用技术要求和注意事项使用农药，不得扩大使用范围、加大用药剂量或者改变使用方法。

农药使用者不得使用禁用的农药。

标签标注安全间隔期的农药，在农产品收获前应当按照安全间隔期的要求停止使用。

剧毒、高毒农药不得用于防治卫生害虫，不得用于蔬菜、瓜果、茶叶、菌类、中草药材的生产，不得用于水生植物的病虫害防治。

第三十五条 农药使用者应当保护环境，保护有益生物和珍稀物种，不得在饮用水水源保护区、河道内丢弃农药、农药包装物或者清洗施药器械。

严禁在饮用水水源保护区内使用农药，严禁使用农药毒鱼、虾、鸟、兽等。

第三十六条 农产品生产企业、食品和食用农产品仓储企业、专业化病虫害防治服务组织和从事农产品生产的农民专业合作社等应当建立农药使用记录，如实记录使用农药的时间、地点、对象以及农药名称、用量、生产企业等。农药使用记录应当保存2年以上。

国家鼓励其他农药使用者建立农药使用记录。

第三十七条 国家鼓励农药使用者妥善收集农药包装物等废弃物；农药生产企业、农药经营者应当回收农药废弃物，防止农药污染环境和农药中毒事故的发生。具体办法由国务院环境保护主管部门会同国务院农业主管部门、国务院财政部门等部门制定。

第三十八条 发生农药使用事故，农药使用者、农药生产企业、农药经营者和其他有关人员应当及时报告当地农业主管部门。

接到报告的农业主管部门应当立即采取措施，防止事故扩大，同时通知有关部门采取相应措施。造成农药中毒事故的，由农业主管部门和公安机关依照职责权限组织调查处理，卫生主管部门应当按照国家有关规定立即对受到伤害的人员组织医疗救治；造成环境污染事故的，由环境保护等有关部门依法组织调查处理；造成储粮药剂使用事故和农作物药害事故的，分别由粮食、农业等部门组织技术鉴定和调查处理。

第三十九条 因防治突发重大病虫害等紧急需要，国务院农业主管部门可以决定临时生产、使用规定数量的未取得登记或者禁用、限制使用的农药，必要时应当会同国务院对外贸易主管部门决定临时限制出口或者临时进口规定数量、品种的农药。

前款规定的农药，应当在使用地县级人民政府农业主管部门的监督和指导下使用。

第六章 监督管理

第四十条 县级以上人民政府农业主管部门应当定期调查统计农药生产、销售、使用情况，并及时通报本级人民政府有关部门。

县级以上地方人民政府农业主管部门应当建立农药生产、经营诚信档案并予以公布；发现违法生产、经营农药的行为涉嫌犯罪的，应当依法移送公安机关查处。

第四十一条 县级以上人民政府农业主管部门履行农药监督管理职责，可以依法采取下列措施：

（一）进入农药生产、经营、使用场所实施现场检查；

（二）对生产、经营、使用的农药实施抽查检测；

（三）向有关人员调查了解有关情况；

（四）查阅、复制合同、票据、账簿以及其他有关资料；

（五）查封、扣押违法生产、经营、使用的农药，以及用于违法生产、经营、使用农药的工具、设备、原材料等；

（六）查封违法生产、经营、使用农药的场所。

第四十二条 国家建立农药召回制度。农药生产企业发现其生产的农药对农业、林业、人畜安全、农产品质量安全、生态环境等有严重危害或者较大风险的，应当立即停止生产，通知有关经营者和使用者，向所在地农业主管部门报告，主动召回产品，并记录通知和召回情况。

农药经营者发现其经营的农药有前款规定的情形的，应当立即停止销售，通知有关生产企业、供货人和购买人，向所在地农业主管部门报告，并记录停止销售和通知情况。

农药使用者发现其使用的农药有本条第一款规定的情形的，应当立即停止使用，通知经营者，并向所在地农业主管部门报告。

第四十三条 国务院农业主管部门和省、自治区、直辖市人民政府农业主管部门应当组织负责农药检定工作的机构、植物保护机构对已登记农药的安全性和有效性进行监测。

发现已登记农药对农业、林业、人畜安全、农产品质量安全、生态环境等有严重危害或者较大风险的，国务院农业主管部门应当组织农药登记评审委员会进行评审，根据评审结果撤销、变更相应的农药登记证，必要时应当决定禁用或者限制使用并予以公告。

第四十四条 有下列情形之一的，认定为假农药。

（一）以非农药冒充农药；

（二）以此种农药冒充他种农药；

（三）农药所含有效成分种类与农药的标签、说明书标注的有效成分不符。

禁用的农药，未依法取得农药登记证而生产、进口的农药，以及未附具标签的农药，按照假农药处理。

第四十五条 有下列情形之一的，认定为劣质农药。

（一）不符合农药产品质量标准；

（二）混有导致药害等有害成分。

超过农药质量保证期的农药，按照劣质农药处理。

第四十六条 假农药、劣质农药和回收的农药废弃物等应当交由具有危险废物经营资质的单位集中处置，处置费用由相应的农药生产企业、农药经营者承担；农药生产企业、农药经营者不明确的，处置费用由所在地县级人民政府财政列支。

第四十七条 禁止伪造、变造、转让、出租、出借农药登记证、农药生产许可证、农药经营许可证等许可证明文件。

第四十八条 县级以上人民政府农业主管部门及其工作人员和负责农药检定工作的机构及其工作人员，不得参与农药生产、经营活动。

第七章　法律责任

第四十九条 县级以上人民政府农业主管部门及其工作人员有下列行为之一的，由本级人民政府责令改正；对负有责任的领导人员和直接责任人员，依法给予处分；负有责任的领导人员和直接责任人员构成犯罪的，依法追究刑事责任。

（一）不履行监督管理职责，所辖行政区域的违法农药生产、经营活动造成重大损失或者恶劣社会影响；

（二）对不符合条件的申请人准予许可或者对符合条件的申请人拒不准予许可；

（三）参与农药生产、经营活动；

（四）有其他徇私舞弊、滥用职权、玩忽职守行为。

第五十条 农药登记评审委员会组成人员在农药登记评审中谋取不正当利益的，由国务院农业主管部门从农药登记评审委员会除名；属于国家工作人员的，依法给予处分；构成犯罪的，依法追究刑事责任。

第五十一条 登记试验单位出具虚假登记试验报告的，由省、自治区、直辖市人民政府农业主管部门没收违法所得，并处5万元以上10万元以下罚款；由国务院农业主管部门从登记试验单位中除名，5年内不再受理其登记试验单位认定申请；构成犯罪的，依法追究刑事责任。

第五十二条 未取得农药生产许可证生产农药或者生产假农药的，由县级以上地方人民政府农业主管部门责令停止生产，没收违法所得、违法生产的产品和用于违法生产的工具、设备、原材料等，违法生产的产品货值金额不足1万元的，并处5万元以上10万元以下罚款，货值金额1万元以上的，并处货值金额10倍以上20倍以下罚款，由发证机关吊销农药生产许可证和相应的农药登记证；构成犯罪的，依法追究刑事责任。

取得农药生产许可证的农药生产企业不再符合规定条件继续生产农药的，由县级以上地方人民政府农业主管部门责令限期整改；逾期拒不整改或者整改后仍不符合规定条件的，由发证机关吊销农药生产许可证。

农药生产企业生产劣质农药的，由县级以上地方人民政府农业主管部门责令停止生产，没收违法所得、违法生产的产品和用于违法生产的工具、设备、原材料等，违法生产的产品货值金额不足1万元的，并处1万元以上5万元以下罚款，货值金额1万元以上的，并处货值金额5倍以上10倍以下罚款；情节严重的，由发证机关吊销农药生产许可证和相应的农药登记证；构成犯罪的，依法追究刑事责任。

委托未取得农药生产许可证的受托人加工、分装农药，或者委托加工、分装假农药、劣质农药的，对委托人和受托人均依照本条第一款、第三款的规定处罚。

第五十三条 农药生产企业有下列行为之一的，由县级以上地方人民政府农业主管部门责令改正，没收违法所得、违法生产的产品和用于违法生产的原材料等，违法生产的产品货值金额不足1万元的，并处1万元以上2万元以下罚款，货值金额1万元以上的，并处货值金额2倍以上5倍以下罚款；拒不改正或者情节严重的，由发证机关吊销农药生产许可证和相应的农药登记证。

（一）采购、使用未依法附具产品质量检验合格证、未依法取得有关许可证明文件的原材料；

（二）出厂销售未经质量检验合格并附具产品质量检验合格证的农药；

（三）生产的农药包装、标签、说明书不符合规定；

（四）不召回依法应当召回的农药。

第五十四条 农药生产企业不执行原材料进货、农药出厂销售记录制度，或者不履行农药废弃物回收义务的，由县级以上地方人民政府农业主管部门责令改正，处1万元以上5万元以下罚款；拒不改正或者情节严重的，由发证机关吊销农药生产许可证和相应的农药登记证。

第五十五条 农药经营者有下列行为之一的，由县级以上地方人民政府农业主管部门责令停止经营，没收违法所得、违法经营的农药和用于违法经营的工具、设备等，违法经营的农药货值金额不足1万元的，并处5 000元以上5万元以下罚款，货值金额1万元以上的，并处货值金额5倍以上10倍以下罚款；构成犯罪的，依法追究刑事责任。

（一）违反本条例规定，未取得农药经营许可证经营农药；

（二）经营假农药；

（三）在农药中添加物质。

有前款第二项、第三项规定的行为，情节严重的，还应当由发证机关吊销农药经营许可证。

取得农药经营许可证的农药经营者不再符合规定条件继续经营农药的，由县级以上地方人民政府农业主管部门责令限期整改；逾期拒不整改或者整改后仍不符合规定条件的，由发证机关吊销农药经营许可证。

第五十六条 农药经营者经营劣质农药的，由县级以上地方人民政府农业主管部门责令停止经营，没收违法所得、违法经营的农药和用于违法经营的工具、设备等，违法经营的农药货值金额不足1万元的，并处2 000元以上2万元以下罚款，货值金额1万元以上的，并处货值金额2倍以上5倍以下罚款；情节严重的，由发证机关吊销农药经营许可证；构成犯罪的，依法追究刑事责任。

第五十七条 农药经营者有下列行为之一的，由县级以上地方人民政府农业主管部门责令改正，没收违法所得和违法经营的农药，并处5 000元以上5万元以下罚款；拒不改正或者情节严重的，由发证机关吊销农药经营许可证。

（一）设立分支机构未依法变更农药经营许可证，或者未向分支机构所在地县级以上地方人民政府农业主管部门备案；

（二）向未取得农药生产许可证的农药生产企业或者未取得农药经营许可证的其他农药经营者采购农药；

（三）采购、销售未附具产品质量检验合格证或者包装、标签不符合规定的农药；

（四）不停止销售依法应当召回的农药。

第五十八条 农药经营者有下列行为之一的，由县级以上地方人民政府农业主管部门责令改正；拒不改正或者情节严重的，处2 000元以上2万元以下罚款，并由发证机关吊销农药经营许可证。

（一）不执行农药采购台账、销售台账制度；

（二）在卫生用农药以外的农药经营场所内经营食品、食用农产品、饲料等；

（三）未将卫生用农药与其他商品分柜销售；

（四）不履行农药废弃物回收义务。

第五十九条 境外企业直接在中国销售农药的，由县级以上地方人民政府农业主管部门责令停止销售，没收违法所得、违法经营的农药和用于违法经营的工具、设备等，违法经营的农药货值金额不足5万元的，并处5万元以上50万元以下罚款，货值金额5万元以上的，并处货值金额10倍以上20倍以下罚款，由发证机关吊销农药登记证。

取得农药登记证的境外企业向中国出口劣质农药情节严重或者出口假农药的，由国务院农业主管部门吊销相应的农药登记证。

第六十条 农药使用者有下列行为之一的，由县级人民政府农业主管部门责令改正，农药使用者为农产品生产企业、食品和食用农产品仓储企业、专业化病虫害防治服务组织和从事农产品生产的农民专业合作社等单位的，处5万元以上10万元以下罚款，农药使用者为个人的，处1万元以下罚款；构成犯罪的，依法追究刑事责任。

（一）不按照农药的标签标注的使用范围、使用方法和剂量、使用技术要求和注意事项、安全间隔期使用农药；

（二）使用禁用的农药；

（三）将剧毒、高毒农药用于防治卫生害虫，用于蔬菜、瓜果、茶叶、菌类、中草药材生产或者用于水生植物的病虫害防治；

（四）在饮用水水源保护区内使用农药；

（五）使用农药毒鱼、虾、鸟、兽等；

（六）在饮用水水源保护区、河道内丢弃农药、农药包装物或者清洗施药器械。

有前款第二项规定的行为的，县级人民政府农业主管部门还应当没收禁用的农药。

第六十一条 农产品生产企业、食品和食用农产品仓储企业、专业化病虫害防治服务组织和从事农产品生产的农民专业合作社等不执行农药使用记录制度的，由县级人民政府农业主管部门责令改正；拒不改正或者情节严重的，处2 000元以上2万元以下罚款。

第六十二条 伪造、变造、转让、出租、出借农药登记证、农药生产许可证、农药经营许可证等许可证明文件的，由发证机关收缴或者予以吊销，没收违法所得，并处1万元以上5万元以下罚款；构成犯罪的，依法追究刑事责任。

第六十三条 未取得农药生产许可证生产农药，未取得农药经营许可证经营农药，或者被吊销农药登记证、农药生产许可证、农药经营许可证的，其直接负责的主管人员10年内不得从事农药生产、经营活动。

农药生产企业、农药经营者招用前款规定的人员从事农药生产、经营活动的，由发证机关吊销农药生产许可证、农药经营许可证。

被吊销农药登记证的，国务院农业主管部门5年内不再受理其农药登记申请。

第六十四条 生产、经营的农药造成农药使用者人身、财产损害的，农药使用者可以向农药生产企业要求赔偿，也可以向农药经营者要求赔偿。属于农药生产企业责任的，农药经营者赔偿后有权向农药生产企业追偿；属于农药经营者责任的，农药生产企业赔偿后有权向农药经营者追偿。

第八章 附 则

第六十五条 申请农药登记的，申请人应当按照自愿有偿的原则，与登记试验单位协商确定登记试验费用。

第六十六条 本条例自2017年6月1日起施行。